昆明市环境承载力研究

刘丽萍　和丽萍　卢云涛　茹静宇　编著

中国环境科学出版社·北京

图书在版编目（CIP）数据

昆明市环境承载力研究 / 刘丽萍等编著. —北京：中国环境科学出版社，2011.9

ISBN 978-7-5111-0700-8

Ⅰ. ①昆… Ⅱ. ②刘… Ⅲ. ①城市环境—环境承载力—研究—昆明市 Ⅳ. ①X321.741

中国版本图书馆 CIP 数据核字（2011）第 183234 号

责任编辑 李卫民
责任校对 扣志红
封面设计 玄石至上

出版发行 中国环境科学出版社
（100062 北京东城区广渠门内大街 16 号）
网 址：http：//www.cesp.com.cn
联系电话：010-67112765（总编室）
发行热线：010-67125803，010-67113405（传真）
印 刷 北京中科印刷有限公司
经 销 各地新华书店
版 次 2011 年 9 月第 1 版
印 次 2011 年 9 月第 1 次印刷
开 本 787×960 1/16
印 张 8.25 彩插 8
字 数 145 千字
定 价 20.00 元

目　录

1 概论

1.1 项目的背景

城市的可持续发展包括城市社会经济的可持续发展和环境的可持续发展等。良好的环境是城市可持续发展的重要保障，资源环境承载力是可持续发展必须面对的重要课题。分析研究城市的环境承载力及其对经济发展的影响对城市的可持续发展及政府部门的宏观决策管理都具有重要意义。

昆明市是云南省的省会城市，是云南省政治、经济、文化中心，国家级历史文化名城，是中国面向东南亚和南亚的区域性国际城市。其发展地位在全省举足轻重，发展责任重大。中国-东盟自由贸易区的建立为昆明市的发展带来了难得的机遇，昆明新国际机场、泛亚铁路及昆曼公路的建设为城市的发展增添了巨大动力，东部地区产业结构升级和产业转移为昆明市的产业发展带来了新的机遇。特定的区位优势和历史性发展机遇，要求加快昆明城市化发展，带动和促进全省加快发展。

然而伴随着快速城镇化与经济持续高速增长，昆明市同我国其他大中城市一样出现了诸如水资源紧张、水和大气环境质量恶化、中心区人口过密、交通拥堵等现代城市通病，其中以滇池污染为代表的环境问题已经成为制约昆明市可持续发展的重要因素，因此环境承载力成为昆明市发展必须重视的问题。昆明市委九届四次会议提出要“通过五到十年的努力，将以人为本、以民为主的现代新昆明建设成为以‘一湖四环’、‘一湖四片’、‘一城四区’为载体，以人的现代化为核心，以生产方式和生活方式进步为标志，三大板块协调发展，集湖光山色、滇池景观、春城新姿，融人文景色和自然风光于一体的森林式、环保型、园林化、可持续发展的高原湖滨特色生态城市，成为经济景气指数高、文化特色浓、人居环境好、投资环境佳、社会安定和谐的面向东南亚、南亚的区域性国际化城市。”市委市政府的这一发展思路对昆明市的环境质量和环境保护提出了更高的要求。在加快建设现代新昆明的背景下，以资源和环境承载力为基础统筹规划城市规模和产业布局，促进经济增长方式的转变，以提升城市的发展质量已成为昆明市可持续发展面临的重大挑战。

1.2 项目研究的目的及意义

本研究通过对昆明市环境承载力的分析评价，解析影响昆明市环境承载力的主要因素，根据环境承载力的现状及分布提出昆明市环境承载力空间管制分区及管制策略，提出提高城市环境承载力的策略，为昆明市合理利用环境承载力——制订差别化产业发展和环境保护政策，形成合理的空间开发结构提供科学依据和技术支撑。

1.3 项目研究的范畴及主要内容

环境承载力（Environmental Carrying Capacity）是环境科学研究的一个重要范畴，它是衡量环境质量状况和环境容量受人类生产生活活动干扰能力的一个重要指标。

关于环境承载力的基本概念[1-6]，目前学术界尚未达成普遍共识，归纳起来主要有以下几种：第一种定义是指环境对污染物的容纳能力，也即通常所说的环境容量，该种定义将环境容量与环境承载力等同，可视为狭义的环境承载力概念。第二种定义是指在某一时期和某种环境状态下，某一区域资源环境对人类社会经济活动良性发展的支持能力，这一概念中的环境泛指过大，涵盖了资源和环境等方面。本研究探讨的环境承载力主要是基于环境容量的环境承载力。

本研究的主要内容包括：（1）昆明市环境质量现状及面临的主要环境问题；（2）昆明市资源能源消耗强度及污染排放强度；（3）昆明市环境承载力现状评价及分布特征；（4）昆明市环境承载压力的情景预测；（5）昆明市环境承载力对城市化及产业发展的支撑研究；（6）昆明市环境承载力空间管制研究；（7）提升昆明市环境承载力的综合对策等。

1.4 项目的研究方法与技术路线

本研究以环境承载力理论为指导，以现有研究工作成果和资料为基础，参考国内外关于环境承载力的研究经验，从昆明市面临的主要环境问题入手，以水环境容量、大气环境容量的研究为重点，定性、定量地分析评价了昆明市水环境及大气环境承载力的现状，并从生态足迹的角度分析评价了昆明市生态承载力的状态。研究采用定性与定量分析、静态分析与动态分析相结合的方法，并引入新的研究方法和应用先进的技术手段，如在研究中拟将情景分析引入分析预测中，将生态足迹分析手段应用于生态承载力的评价中，同时应用地理信息系统（GIS）技术对环境承载力的空间分布进行研究，力求使研究成果更加科学合理、更加充实丰富。

项目的技术路线见图 1-1。

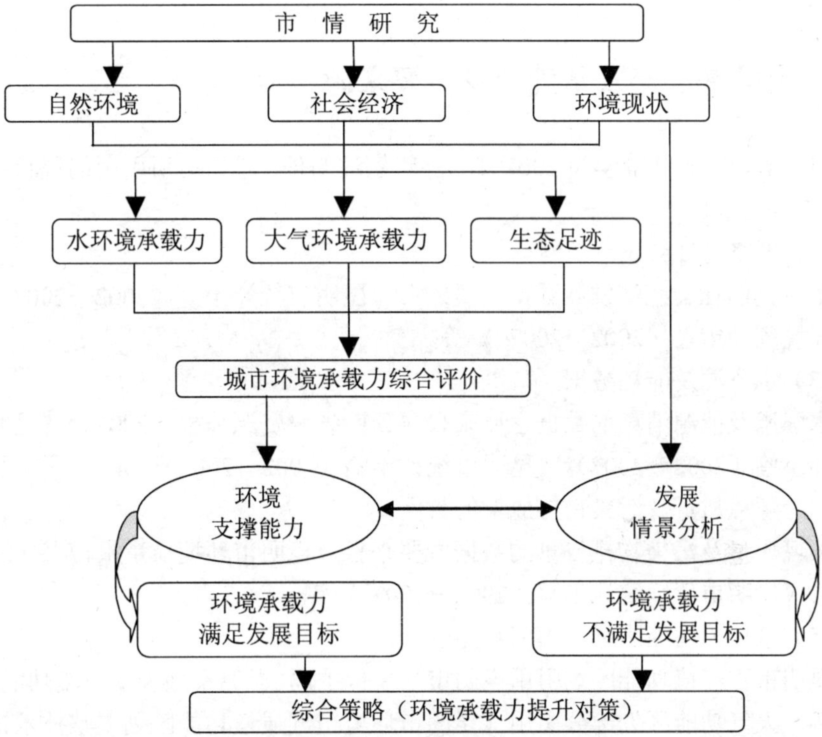

图 1-1 昆明市环境承载力研究技术路线

1.5 主要成果

（1）分析了昆明市资源及能源消耗强度及污染排放强度，比较了不同行业、各工业园区的排污强度，为将来产业结构调整及准入标准的制定提供了依据；

（2）从水环境容量、大气环境容量及生态足迹几方面分析了昆明市环境承载力现状，并根据水环境容量及大气环境容量的计算结果及环境质量现状，确定了不同区域水环境及大气环境承载力的级别，为建立生产力环境承载系统提供了依据；

（3）基于昆明市水环境容量严重超载的现实，本研究分析了不同情景下水环境承载力对昆明市产业的支撑状况及不同情景下水环境可承载的城镇人口数量；

（4）根据昆明市各县区的环境承载力状态，提出了环境承载力空间管制分区及管制策略，明确各区域限制发展的产业及环境准入标准；

（5）提出了提高昆明市环境承载力的综合对策，包括水环境、大气环境及生态环境等方面。

1.6 研究的基准年及基础信息主要来源

（1）本研究的基准年为 2007 年，除特别注明外，本研究所引用的现状数据均为 2007 年的数据。

（2）经济与社会发展资料

本研究的社会经济发展数据主要来自《昆明市统计年鉴（2002—2008）》《昆明市环境统计年鉴（2002—2007）》等。

（3）水资源及能耗数据

水资源及能源消耗的数据主要来自《云南省水资源公报（2007）》《昆明市环境统计年鉴（2002—2007）》《昆明市统计年鉴（2002—2008）》等。

（4）环境质量及污染物排放量的数据

环境质量及污染物排放量的数据主要来自《昆明市环境质量报告书（2001—2007）》《昆明市环境统计年鉴（2002—2007）》等。

（5）水环境功能区划、大气功能区划

昆明市水环境功能区划引用昆明市环境保护局《昆明市地表水环境功能区划》（2004），大气功能区划部分引用《昆明市环境空气质量功能区划调整技术报告》成果。

2 昆明市市情研究

2.1 自然概况

2.1.1 地理位置

昆明市位于中国西南边陲，云贵高原中部偏东北，云南中部湖盆群的中心地带，地处北纬 24°24′～26°33′和东经 102°10′～103°41′，与同云南省接壤的缅甸、老挝、越南毗邻相望，北临金沙江，与四川省凉山州会东县、会理县隔河相望；南与玉溪市红塔区、峨山县、江川县、澄江县、华宁县及红河州弥勒县相邻；东与曲靖市会泽县、马龙县、陆良县和红河州泸西县相连：西与楚雄州武定县、禄丰县及玉溪市易门县接壤，东西最宽 151 km，南北最长 218 km，全市辖区面积 21 011 km^2。

2.1.2 地形地貌与地质

昆明市处于金沙江、南盘江、红河的分水岭地带，受整个云南高原的抬升运动和来自西北方向横断山余脉及北乌蒙山脉的控制，地势北高南低，由北向南呈阶梯状逐渐低缓，北部多山，南部较平坦。云岭山脉由西向东横亘伸延，北部有三台山、拱王山及梁王山，南部有滇池及阳宗海，以湖盆岩溶高原地貌形态为主，红色山原地貌次之。大部分地区海拔在 1 500～2 800 m，最高处是金沙江边的雪岭，海拔 4 344 m；最低点在东川小江流入金沙江的河口，海拔 695 m，高差达 3 649 m，地形较为复杂。

2.1.3 气象气候

昆明市属北亚热带低纬度高原山地湿润季风气候，冬无严寒，夏无酷暑，四季如春，年温差小，日温差大，温湿度适宜，气候宜人，有“春城”和“东方日内瓦”的美称。又由于昆明地区相对高差 3 649 m，因此具有典型的立体气候特征（图 2-1），随山地、河谷、盆地的不同地势和海拔而变化，主要为亚热带，也有温带，而 3 400 m 以上为寒带气候，“一山分四季，十里不同天”。

昆明市北部有乌蒙山等群山作天然屏障，阻隔南下冷空气；南部受孟加拉湾海洋季风暖湿气候影响，加之有高原湖泊滇池、阳宗海调节温湿度，年平均气温14.5℃，极端最高气温31.5℃，极端最低气温−7.8℃，7月平均19.8℃，1月平均7.7℃。由于年平均日照时间长达2 400多小时（日照率56%），无霜期达230天，鲜花常年不谢，草木四季常青，独具“天气常如二三月，花枝不断四时春”的特色。

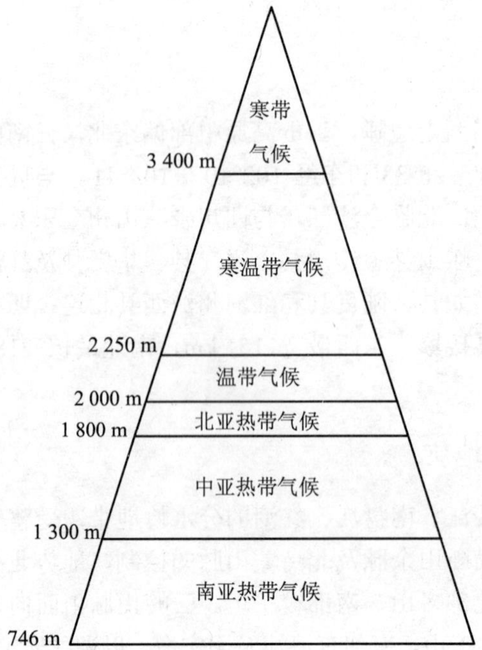

图 2-1 昆明地区气候类型海拔分布图

2.1.4 土壤植被

昆明地区受山原地貌及热带季风下生物气候的影响，红壤为基带土壤，以山原红壤为特点，土壤类型复杂多样，垂直分布明显（图2-2），共有12个土类，分别是红壤、黄棕壤、棕壤、暗棕壤、漂灰土、亚高山草甸土、紫色土、石灰岩土、燥红土、沼泽土、冲积土和水稻土。

按云南植被区域划分，昆明市属于“亚热带常绿阔叶林区域”的“高原亚热带北部常绿阔叶林地带”，从北至南植被属于“滇中、滇东高原半湿阔叶林、云南松林区”。

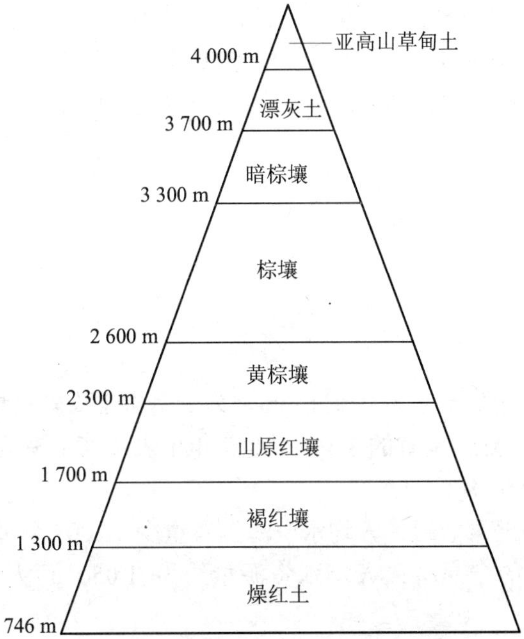

图 2-2 昆明地区土壤类型垂直分布图

2.1.5 水文水系

昆明市河流分属金沙江、珠江和红河三大水系。由于受地质、地貌及森林植被影响，昆明地区河流具有流程短、上下游相对高差较大、水流季节性强的特点。除南盘江、普渡河、牛栏江在昆明境内流程较长外，其他河流长度为几公里到几十公里不等。

（1）金沙江水系：流经昆明全域的河流及湖泊基本属金沙江水系，金沙江从昆明北部边缘流过，市境内长 90 km，流域面积约 9 650 km^2，主要有盘龙江、宝象河、洛龙河、柴河、螳螂川-普渡河、牛栏江、小江及滇池等。普渡河发源于嵩明县梁王山喳啦箐，流经嵩明、官渡、盘龙、五华、西山、呈贡、晋宁、安宁、富民，在禄劝县东北面汇入金沙江，全长 375 km。全河习惯上分别称为盘龙江、滇池、螳螂川、普渡河四段。

（2）珠江水系：流经四县（宜良、石林、呈贡及嵩明部分地域）的河流及湖泊属珠江水系，主要有南盘江、巴江、獐子坝河及阳宗海等，流域面积约 3 875 km^2。南盘江流经宜良县，河段长 124 km，流域面积 3 815 km^2，汇入的主要河流有麦田河、獐子坝河、贯龙河、巴江、普拉河、阳宗海等。

（3）红河水系：流经安宁与晋宁小部分地域的河流属红河水系，主要是扒河。扒河为禄汁江一级支流，红河二级支流，流域面积 274 km^2，发源于玉溪市易门县，在昆明市境内的主要河流有邵九河、大摆依河、阿姑河及碾房箐，均流自安宁、晋宁。

2.2 资源及开发利用概况

2.2.1 水资源

昆明市多年平均降水量为 1 031 mm，为云南省平均降水量的 89.51%；降水总量为 152.5 亿 m^3，是云南省的 3.46%；2007 年地表水产水模数为 31.1 万 m^3/km^2，是云南省平均值的 52.8%。

昆明市水资源严重短缺，人均水资源拥有量少。2007 年水资源总量为 65.38 亿 m^3，占云南省的 2.90%；人均水资源量约为 1 056 m^3/人，是全省平均数的 21.14%。

昆明市的水资源利用率高，开发强度较大。2007 年用水消耗量 9.15 亿 m^3，占云南省的 10.54%；人均综合用水量 343 m^3/人，高于云南省 333 m^3/人的平均水平；人均生活用水量指标为城镇 154 L/d，农村 70 L/d，高于云南省（城镇 131 L/d，农村 68 L/d）的平均水平。水资源开发利用率 32.8%，远远高于云南省 6.8%的开发利用率。昆明市水资源利用与开发特征见表 2-1。

2.2.2 土地资源

昆明市区域内山多地少，广泛分布有丘陵和山地，其间分布山间坝子、河谷和沿湖（库）盆地。国土总面积 21 582 km^2，占云南省国土面积的 5.433%，其中 80%以上的土地为山地和丘陵；耕地面积 4 044.7 km^2，约占其国土面积的 18.7%。

2.2.3 矿产资源

昆明市目前已发现的矿产有 37 种，主要矿产为磷矿、岩盐矿、铜矿、钛铁矿和石英砂岩等，其中以磷矿分布最为广泛，储量最为丰富。昆明磷矿是全国三大磷矿之一，总储量约为 48 亿 t，居全国七大磷矿之首。其次是盐矿，储量为 138 亿 t，居全国内陆盐矿第 2 位。另外，东川铜矿已探明储量为 270.98 万 t，是全国五大产铜基地之一。

表 2-1 2007 年昆明市水资源利用与开发特征[7]

市（州）	水资源总量/亿 m^3	产水模数/（万 m^3/km^2）	人均水资源量/（m^3/人）	降水量/mm	降水总量/亿 m^3	水利发电用水量*/亿 m^3	用水消耗量*/亿 m^3	水资源开发利用率*/%	人均综合用水量*/（m^3/人）	农田灌溉亩均用水量*/（m^3/亩）	人均生活用水量*/（L/d）		建成区人均用水量*/（L/d）	建成区万元工业增加值用水量*/（m^3/万元）
											城镇生活	农村生活		
昆明市	65.38	31.1	1 056	1 031.0	152.5	20.29	9.15	32.8	343	472	154	70	177	85
云南省	2 256	58.9	4 996	1 293.1	4 955	1 486	86.84	6.8	333	524	131	68	—	124.7
昆明市占云南省的比例/%	2.90	52.80	21.14	79.73	3.08	1.37	10.54	—	—	—	—	—	—	—

注：1. 表中标有“*”的纵列中数据来源于云南省水利厅发布的《2007 年云南省水资源公报》；

2. 其余列中的数据为多年平均数值，数据来源于云南省及昆明市的 2007 年度环境质量报告书。

2.2.4 森林资源

昆明市以高原地貌为主，复杂多样的山原地貌、垂直的地带分布，多变的立体气候使其植物种类繁多、森林生长良好，主要类型有亚热带常绿阔叶林、落叶阔叶林、温带针叶林、寒温性针叶林，主要树种为云南松、华山松、云南油杉、滇青冈等。森林资源的特点是原始天然林少，次生林和人工林多；混交林少，纯林多；近、成熟林少，幼、中林多；林地生产率低，防护效益不高。

2007 年全市林业用地面积 1 841.4 万亩①，新造林面积 4.47 万亩，森林覆盖率 51.2%，绿化造林面积和森林蓄积量呈稳步增长态势。

2.3 社会经济概况

2.3.1 行政区划

昆明市行政辖区共有 5 区（五华区、盘龙区、官渡区、西山区、东川区）、1 市（安宁市）、8 县（呈贡县、晋宁县、富民县、宜良县、嵩明县、石林彝族自治县、禄劝彝族苗族自治县、寻甸回族彝族自治县），全市辖 99 个乡镇（其中 7 个民族乡），38 个街道办事处，346 个社区委员会，1 239 个村民委员会。

2.3.2 人口规模

2007 年末昆明市全市总人口为 619.33 万人，其中农业人口 253.31 万人，非农业人口 366.02 万人，人口密度 295 人/km^2。全市共有 26 个民族，其中，汉族占总人口的 90%左右，少数民族中，彝、回、白、苗、傈僳族均达万人以上，其次是傣、壮、哈尼、纳西、蒙古族，最少为德昂族。

2.3.3 经济发展

“十一五”以来，昆明市综合经济实力不断增强。2007 年实现国民生产总值（GDP）1 393.69 亿元，比上年增长 12.5%，连续四年保持两位数增长，是近十年来增长最快的一年。人均生产总值达 22 578 元；城镇居民人均可支配收入达 12 083 元，比上年增长 6.1%；农民年人均纯收入为 4 003 元，比上年增长 7.1%。全年实现财政总收入 340.22 亿元，增长 25.9%，其中，地方财政收入 133.1 亿元，

① 1 亩=1/15 hm^2。

增长 28.3%；地方财政支出 164.87 亿元，增长 23.4%。

2.3.4 产业结构

昆明是云南省的政治、经济和文化中心，基本形成了以烟草、机电、冶金、旅游等为支柱产业的产业体系。

2007 年第一产业实现增加值 93.95 亿元，按可比价格计算比上年增长 5.6%；第二产业实现 641.2 亿元，比上年增长 14.9%；第三产业实现 658.54 亿元，比上年增长 11.1%。三次产业结构为 6.7∶46.0∶47.3。可以看出，在昆明市的三次产业中，二、三次产业并驾齐驱共同助推昆明经济发展。昆明市产业园区发展加快，产业集群化逐步推进，以昆明高新技术开发区、经济技术开发区和旅游度假区为代表的产业园区已成为昆明重要的产业发展基地，规模效应开始初显。

2.4 昆明市城市化及工业化发展阶段及特征

一般而言，产业发展和工业化水平都会伴随经济发展而呈现出一定的阶段性，不同阶段产业发展具备不同的资源消耗和环境污染特征。

2.4.1 工业化发展阶段论

经典的工业化理论，以美国著名学者库兹涅茨的统计分析、钱纳里等人的多国模型和罗斯托的起飞理论为代表，认为工业化是一国（或地区）随着工业发展、人均收入和经济结构发生连续变化的过程，人均收入的增长和经济结构的转换是工业化推进的主要标志。衡量一个国家或地区的工业化水平，一般可以从经济发展水平、产业结构、工业结构、就业结构和空间结构等方面来进行。按照钱纳里等的划分方法，工业化过程大体分为工业化初期、中期和后期，再结合相关理论研究和国际经验工业化不同阶段的标志值可以表述成表 2-2。

2.4.2 昆明市工业化发展阶段判断

昆明市现代工业萌芽于 19 世纪末，经历了六个主要的阶段，由一个工业基础十分薄弱、农业发展落后、经济不发达的地区最终发展成为一个工业门类较为齐全、农业发展迅速、商贸功能齐全的综合型中心城市。对于某一工业化发展阶段的判断主要是通过对人均 GDP、产业结构、工业内部结构和城市化率等因素加以综合分析的。见表 2-3。

表 2-2　工业化不同阶段的标志值

基本指标		前工业化阶段（1）	工业化实现阶段			后工业化阶段（5）
			工业化初期（2）	工业化中期（3）	工业化后期（4）	
1. 人均GDP（经济发展水平）	（1）1964 年（美元）	100～200	200～400	400～800	800～1 500	1 500 以上
	（2）1996 年（美元）	620～1 240	1 240～2 480	2 480～4 960	4 960～9 300	9 300 以上
	（3）1995 年（美元）	610～1 220	1 220～2 430	2 430～4 870	4 870～9 120	9 120 以上
	（4）2000 年（美元）	660～1 320	1320～2 640	2640～5 280	5280～9 910	9 910 以上
	（5）2002 年（美元）	680～1 360	1 360～2 730	2 730～5 460	5 460～10 200	10 200 以上
	（6）2004 年（美元）	720～1 440	1 440～2 880	2 880～5 760	5 760～10 810	10 810 以上
2. 三次产业产值结构（产业结构）		$A>I$	$A>20\%$，且 $A<I$	$A<20\%$，且 $I>S$	$A<10\%$，且 $I>S$	$A<10\%$，且 $I<S$
3. 制造业增加值占总商品增加值比重（工业结构）		20%以下	20%～40%	40%～50%	50%～60%	60%以上
4. 人口城市化率（空间结构）		30%以下	30%～50%	50%～60%	60%～75%	75%以上
5. 第一产业就业人员占比（就业结构）		60%以上	45%～60%	30%～45%	10%～30%	10%以下

注：A、I、S 分别代表第一、第二和第三产业增加值在 GDP 中所占的比重。

表 2-3　昆明工业化阶段判断

项　目	数　值（2007 年）	工业化阶段判断
人均 GDP（经济发展水平）	3 026 美元	工业化中期
三次产业产值结构（产业结构）	6.7∶46∶47.3	后工业化阶段
制造业增加值占总商品增加值比重（工业结构）	83.41%	后工业化阶段
人口城市化率（空间结构）	59.1%	工业化中期
第一产业就业人员占比（就业结构）	35.6%	工业化中期

2000年以后，昆明市人均收入仍在持续增长，第二产业产值增加幅度缓慢提升，产业结构、工业结构优化调整加速，城市化进程加快，成为这一阶段昆明市工业化的主要表征。综合各项指标来看，昆明市总体上还处于工业化中期的初级阶段，第二板块和第三板块还处于工业化初期。工业产业集中度高，主要集中在主城五华、盘龙、官渡、西山4区和安宁市；区域发展不平衡，主城区布局相对集中，其他县区工业基础薄弱。工业结构不合理，重化工比例过大，2007年规模以上轻重工业产值比达到23.3∶76.7；资源加工型工业占主导，对自然资源依赖性强，产业链条不长，产品附加值低。未来相当长的一段时期内，昆明市工业发展对基础资源和能源、环境容量的需求还将进一步增加。

2.4.3 城市化发展特征

昆明市城市化水平较高，2007年达到59.1%，居全省首位。世界城市化的经验表明，城市化进程可分为起步、加速和成熟三个阶段，其中城市化30%～70%的过程是城市化的加速阶段。昆明市目前的城镇化率为59%，处于加速发展阶段。

昆明市城市化进程在空间上表现出强烈的“向心性”，主城（四区）以不到全市1/10的国土面积，容纳了全市81%的城镇人口，GDP占全市的72%。主城及周边地区还聚集了全市乃至全省绝大多数的规模以上的工业企业、高等院校以及政府行政机构。城乡之间、地区之间发展差别巨大，二元结构明显。中心城区功能过分集中，使主城区环境负荷过重，环境问题突出。

昆明市正进入工业化加速、城市化提升、市场化转型、国际化拓展的重要时期。国际经验表明，这一时期，正是环境形势的多变期、环境危机的高发期和环境问题的敏感期。昆明市工业化及城市化发展特征表明昆明市环境将面临产业及城市化快速发展带来的巨大压力以及经济发展与资源环境压力不均衡的问题。如何统筹协调解决这些问题是昆明市发展面临的严峻挑战。

3 昆明市环境现状及主要环境问题

3.1 环境质量现状

3.1.1 水环境

3.1.1.1 饮用水水源地

（1）昆明市市域内集中式饮用水水源地

根据昆明市环境保护局提供的数据，2007 年昆明市市域内 26 个集中式饮用水水源地中，仅有白龙潭、云龙水库及清水海 3 个湖（库）为Ⅱ类水，达到《云南省地表水水环境功能区划（复审）》（2001 年 6 月）中确定的水质保护目标要求，其余 23 个湖（库）均未达到水质保护目标要求，水质达标湖库数量仅占总数的 12%。Ⅱ～Ⅲ类、Ⅳ～Ⅴ类及劣Ⅴ类的湖（库）数量比例分别为 46%、23%和 31%，处于中度营养或贫营养状态。10 个县（市）区集中式饮用水水源地水质达标情况为：东川区 100%，安宁市 100%，呈贡县 100%，晋宁县 99.4%，富民县 98.0%，禄劝县 100%，嵩明县 98.5%，宜良县 100%，石林县 100%，寻甸 83.9%。

2007 年昆明市集中式饮用水水源地水质类别比例构成见图 3-1，污染综合指数排序见图 3-2。

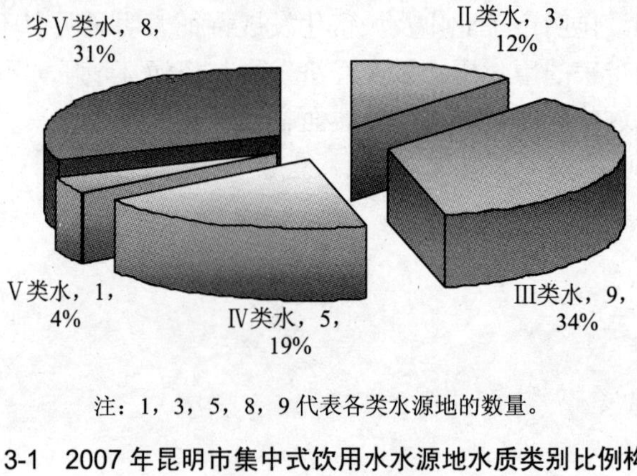

注：1，3，5，8，9 代表各类水源地的数量。

图 3-1　2007 年昆明市集中式饮用水水源地水质类别比例构成

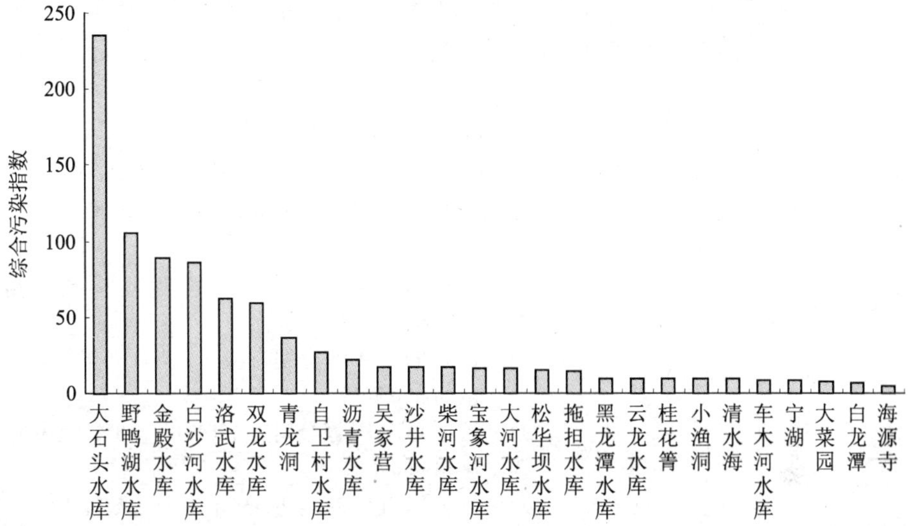

图 3-2 2007 年昆明市集中式饮用水水源地污染综合指数排序

（2）主城区集中式饮用水水源地

昆明市主城区集中式饮用水水源地主要有六个水库，分别为松华坝水库、大河水库、柴河水库、宝象河水库、自卫村水库和云龙水库；地下水水源有海源寺和白龙潭。

根据《2007 年度昆明市环境质量报告书》[8]，6 个水库及 2 个地下水水源地中，Ⅱ～Ⅲ类、Ⅳ～Ⅴ类及劣Ⅴ类的湖（库）数量所占比例分别为 10%、24%和 66%。只有云龙水库水质类别为Ⅱ类水，达到其Ⅱ类水的水质保护目标要求；其余 5 个水库及 2 个地下水水源地均未达到保护目标要求，其中大河水库和柴河水库的水质类别为Ⅲ类水，松华坝水库、自卫村水库和宝象河水库的水质类别均为Ⅳ类水，海源寺和白龙潭的水质类别为劣Ⅴ类；主要污染物为总氮、总磷、总大肠菌群，超标率为 70%～100%。

昆明市主城区主要城市集中式饮用水水源地水质概况和水质类别比例构成见表 3-1、图 3-3。

3.1.1.2 主要河流地表水

根据《2007 年度昆明市环境质量报告书》，2007 年参加评价的 41 条河流、50 个监测断面中，只有 7 个断面达到其水质保护目标的要求，水质达标率仅为 14%，主要污染指标为总氮、总磷、氨氮、高锰酸盐指数、五日生化需氧量和石油类。其中，Ⅱ类、Ⅲ类、Ⅳ类、Ⅴ类及劣Ⅴ类水质所占的断面比例分别为 6%、

4%、15%、9%和66%，说明大部分河流已遭受严重污染，其中污染最重的河流为乌龙河、新河、海河、大青河等，污染较轻的河流为冷水河、牧羊河等。

表 3-1　2007 年主城区集中式饮用水水源地水质概况

水域	保护目标	水质现状	年均值超标项目、超标率及超标倍数
松华坝水库	Ⅱ	Ⅳ	总氮，超标率为 91.7%，超标倍数为 1.16 倍
云龙水库	Ⅱ	Ⅱ	
大河水库	Ⅱ	Ⅲ	总氮和总磷，超标率分别为 100%和 83.5%，超标倍数为 1.08 倍和 0.56 倍
柴河水库	Ⅱ	Ⅲ	总氮和总磷，超标率分别为 83.3%和 91.7%，超标倍数为 0.48 倍和 0.76 倍
自卫村水库	Ⅱ	Ⅳ	总氮和总磷，超标率分别为 100%和 70.8%，超标倍数为 1.78 倍和 0.4 倍
宝象河水库	Ⅱ	Ⅳ	总氮和总磷，超标率均为 75%，超标倍数为 1.62 倍和 0.48 倍
海源寺	Ⅲ	劣Ⅴ	总大肠菌群
白龙潭	Ⅲ	劣Ⅴ	总大肠菌群

注：数据来源于《2007 年度昆明市环境质量报告书》。

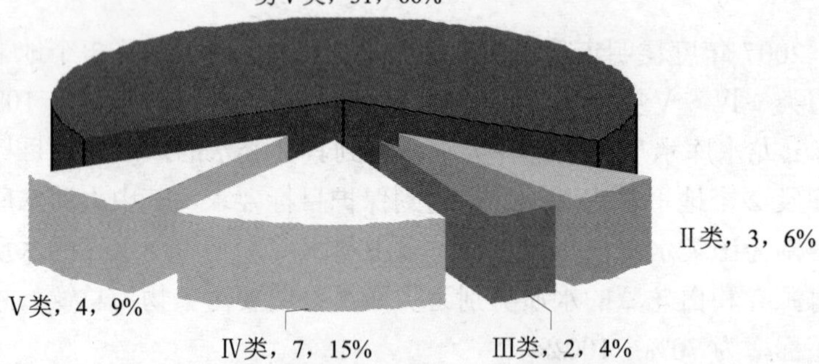

注：2，3，4，7，31 为各类水源地数量。

图 3-3　主城区集中式饮用水水源地水质类别比例构成

（1）松华坝水库入库河流

松华坝水库入库河流牧羊河和冷水河，水质类别均为Ⅱ类水，达到了水质保护目标。

（2）滇池入湖河流

滇池入湖河流共有 29 条，主要为有机污染，主要超标指标为氨氮、总氮、总磷、生化需氧量、化学需氧量。进入草海的 7 条河流均为劣Ⅴ类，污染最重的是乌龙河、新河。进入外海的 22 条河流中，只有东大河为Ⅲ类、达到水质保护目标，其余 21 条河均超标。其中，洛龙河、胜利河及南充河为Ⅳ类，大河（白鱼河）为Ⅴ类，其余 17 条均为劣Ⅴ类，污染最重的是大清河、海河、小清河和城河。

（3）滇池出湖河流

3 条滇池出湖河流的水质类别均为劣Ⅴ类，均未达到水质保护目标，其年均值超标项目主要为氨氮、总磷、氟化物、高锰酸盐指数、五日生化需氧量，个别有汞重金属超标情况。

（4）牛栏江、小江和金沙江

牛栏江属金沙江一级支流，昆明市境内布设有嵩明县崔家庄、寻甸县七星桥及河口三个监测断面，其水质保护目标均为Ⅲ类。2007 年崔家庄水质类别为Ⅳ类，主要超标项目为五日生化需氧量；七星桥水质类别为Ⅴ类，主要超标项目为挥发酚和石油类；河口水质类别为Ⅴ类，主要超标项目为总磷。

小江有姑海、四级站两个监测断面，水质保护目标分别为Ⅲ类及Ⅳ类。2007 年姑海水质类别为Ⅱ类，四级站水质类别为Ⅴ类。

金沙江在昆明境内的监测断面位于东川区的蒙姑，其水质保护目标为Ⅲ类，2007 年水质类别为Ⅲ类，达到水质保护目标。

（5）南盘江

南盘江属珠江水系，流经昆明市宜良县，设有柴石滩、狗街和禄丰村三个监测断面。柴石滩属对照断面，水质保护目标为Ⅲ类水，而水质类别为劣Ⅴ类，年均值超标项目是砷。狗街属控制断面，水质保护目标为Ⅳ类水，水质类别为劣Ⅴ类，年均值超标项目是总磷和砷。禄丰村为削减断面，水质保护目标为Ⅲ类水，水质类别为劣Ⅴ类，年均值超标项目是总磷和砷。

（6）阳宗海入湖河流

在阳宗海入湖的 3 条河流当中，其水质保护目标均为Ⅱ类水，其中阳宗大河、摆依河水质类别为Ⅳ类水，七星河水质类别为Ⅴ类水，年均值超标项目主要为总磷。

昆明市主要河流水环境现状见表 3-2 及图 3-4。

表 3-2　昆明市主要河流水环境概况

水系	河流	断面	采样点名称	功能类别	水质现状	是否达标	超标污染物
金沙江	松华坝入库河流	牧羊河	小河	Ⅱ	Ⅱ	是	COD_{Mn}、镉、总磷、氨氮、氟化物
		冷水河	甸尾（白邑）	Ⅱ	Ⅱ	是	COD_{Mn}、氨氮、总磷、镉、氟化物
	滇池入湖河流	船房河	一检站	Ⅳ	劣Ⅴ	否	氨氮、石油类、总磷、BOD_5、挥发酚
		西坝河	平桥村	Ⅳ	劣Ⅴ	否	氨氮、石油类、总磷、BOD_5、COD_{Mn}
		新河	积中村	Ⅳ	劣Ⅴ	否	氨氮、BOD_5、石油类、挥发酚、总磷
		运粮河	积下村	Ⅳ	劣Ⅴ	否	氨氮、石油类、总磷、BOD_5、COD_{Mn}
		乌龙河	明波村	Ⅳ	劣Ⅴ	否	石油类、BOD_5、氨氮、总磷、挥发酚
		大观河	篆塘	Ⅳ	劣Ⅴ	否	石油类、氨氮、总磷、BOD_5、COD_{Mn}
		王家堆渠	入湖口	Ⅳ	劣Ⅴ	否	石油类、总磷、氨氮、BOD_5、COD_{Mn}
		盘龙江	小人桥	Ⅲ	劣Ⅴ	否	氨氮、总磷、BOD_5、挥发酚、石油类
			严家村桥	Ⅲ	劣Ⅴ	否	BOD_5、COD_{Mn}、氨氮、总磷、石油类
		金家河	金太塘	Ⅲ	劣Ⅴ	否	氨氮、总磷、BOD_5、挥发酚、石油类
		小清河	六甲乡新二村	Ⅲ	劣Ⅴ	否	氨氮、BOD_5、总磷、COD_{Mn}、挥发酚
		采莲河	河尾桥	Ⅲ	劣Ⅴ	否	石油类、总磷、氨氮、COD_{Mn}、BOD_5
		新宝象河	宝丰村	Ⅲ	劣Ⅴ	否	氨氮、石油类、总磷、BOD_5、COD_{Mn}
			干海子水文站	Ⅲ	Ⅲ	是	—
		六甲宝象河	东张村	Ⅲ	劣Ⅴ	否	氨氮、六价铬、石油类、BOD_5、COD_{Mn}
		五甲宝象河	曹家村	Ⅲ	劣Ⅴ	否	石油类、COD_{Mn}、氨氮、汞、BOD_5
		老宝象河	龙马村	Ⅲ	劣Ⅴ	否	石油类、氨氮、总磷、COD_{Mn}、BOD_5
		虾坝河	五甲塘	Ⅲ	劣Ⅴ	否	石油类、氨氮、汞、COD_{Mn}、挥发酚
		大青河	严家村	Ⅲ	劣Ⅴ	否	氨氮、BOD_5、总磷、石油类、COD_{Mn}
		海河	入湖口	Ⅲ	劣Ⅴ	否	氨氮、总磷、BOD_5、石油类、COD_{Mn}
		洛龙河	入湖口	Ⅲ	Ⅳ	否	汞、BOD_5、氨氮、铅、石油类
		马料河	溪波村	Ⅲ	劣Ⅴ	否	氨氮、BOD_5、总磷、石油类、COD_{Mn}
		胜利河	胜利河口	Ⅲ	Ⅳ	否	汞、BOD_5、COD_{Mn}、铅、总磷
		南冲河	入湖口	Ⅲ	Ⅳ	否	汞、BOD_5、石油类、COD_{Mn}、总磷
		淤泥河	入湖口	Ⅲ	劣Ⅴ	否	BOD_5、总磷、氨氮、铅、COD_{Mn}
		柴河	入湖口	Ⅲ	劣Ⅴ	否	BOD_5、氨氮、总磷、COD_{Mn}、石油类
		大河（白鱼河）	入湖口	Ⅲ	Ⅴ	否	铅、BOD_5、COD_{Mn}、总磷、氨氮
		茨巷河（原柴河）	牛恋乡	Ⅲ	劣Ⅴ	否	氨氮、总磷、氟化物、BOD_5、COD_{Mn}
		东大河	入湖口	Ⅲ	Ⅲ	是	BOD_5、铅、COD_{Mn}、石油类、总磷
		城河（中河）	昆阳码头	Ⅲ	劣Ⅴ	否	氨氮、总磷、BOD_5、COD_{Mn}、石油类
		古城河	马渔滩	Ⅲ	劣Ⅴ	否	总磷、BOD_5、氟化物、COD_{Mn}、石油类

水系	河流	断面	采样点名称	功能类别	水质现状	是否达标	超标污染物
金沙江	滇池出湖河流	沙河	西园隧洞	Ⅴ	劣Ⅴ	否	总磷、氨氮、COD_{Mn}、BOD_5、氟化物
		螳螂川	中滩闸门	Ⅴ	Ⅴ	是	COD_{Mn}
			温泉大桥	Ⅴ	劣Ⅴ	否	BOD_5、总磷、氟化物、氨氮
			富民大桥	Ⅴ	劣Ⅴ	否	氨氮、磷、氟化物、汞
		普渡河	普渡河桥	Ⅲ	劣Ⅴ	否	总磷、氟化物、COD_{Mn}、氨氮、BOD_5
	牛栏江	—	崔家庄	Ⅲ	Ⅳ	否	BOD_5、石油类、COD_{Mn}、氟化物、总磷
		—	七星桥	Ⅲ	Ⅴ	否	石油类、挥发酚、总磷、COD_{Mn}、镉
		—	河口	Ⅲ	Ⅴ	否	总磷、氟化物、COD_{Mn}、砷、挥发酚
	金沙江	—	东川蒙姑	Ⅲ	Ⅲ	是	石油类、铅、COD_{Mn}、总磷、氟化物
	小江	—	姑海	Ⅲ	Ⅱ	是	石油类、总磷、BOD_5、氟化物、COD_{Mn}
		—	四级站	Ⅳ	劣Ⅴ	否	氨氮、砷、铅、总磷、COD_{Mn}
珠江	南盘江	—	柴石滩	Ⅲ	劣Ⅴ	否	砷、总磷、COD_{Mn}、氟化物、BOD_5
		—	狗街	Ⅳ	劣Ⅴ	否	砷、总磷、氨氮、BOD_5、氟化物
		—	禄丰村	Ⅲ	劣Ⅴ	否	砷、总磷、氟化物、COD_{Mn}、BOD_5
	阳宗海入湖河流	阳宗大河	阳宗大河	Ⅱ	Ⅳ	否	总磷、BOD_5、COD_{Mn}、氨氮、氟化物
		摆依河（引洪渠）	入湖口	Ⅱ	Ⅳ	否	总磷、氨氮、汞、BOD_5、COD_{Mn}
		七星河	入湖口	Ⅱ	Ⅴ	否	总磷、COD_{Mn}、BOD_5、氟化物、氨氮

注：数据来源于《2007年度昆明市环境质量报告书》。

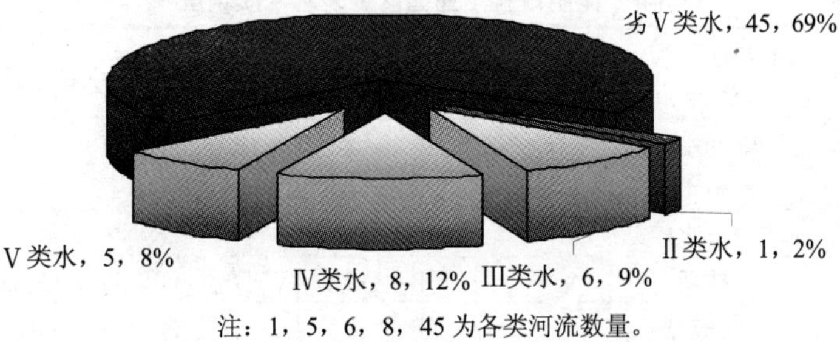

注：1，5，6，8，45为各类河流数量。

图3-4　2007年主要河流水质类别及比例构成

3.1.1.3 主要湖（库）地表水

根据《2007年昆明市环境质量报告书》，在昆明市的4个主要湖（库）中，达到水质功能要求的为2个，占总数的50%。水质功能达标率为50%，主要污染指标为总磷、总氮、氨氮、高锰酸盐指数、五日生化需氧量。超标倍数最大的污染物为总氮，在污染最严重的滇池草海，总氮年均值为13.06 mg/L，最大超标倍数高达 7.7 倍。昆明市主要湖（库）水环境概况见表 3-3。

表 3-3　昆明市主要湖（库）水环境概况

水系	河流（湖库）	功能类别	现状水质	是否达标	主要污染物
金沙江	滇池草海	Ⅳ	劣Ⅴ	否	总氮、总磷、氨氮、化学需氧量
	滇池外海	Ⅲ	劣Ⅴ	否	总磷、总氮、化学需氧量
	阳宗海	Ⅱ	Ⅱ	是	总磷、总氮
	翠湖	Ⅳ	Ⅳ	是	氨氮、总磷

3.1.1.4 工业园区地表水

根据昆明市市域内的开发区与工业园区环境影响评价报告中关于水环境质量状况的描述，15 个开发区与工业园区中，只有石林县生态工业集中区、禄劝县崇德工业园区 2 个产业（工业）园区的各个监测断面的水质类别达到水质保护目标要求。

在 36 个河流（湖、库）的 45 个监测断面中，有 4 个断面达到水质保护目标要求，达标率为 9%。Ⅲ类、Ⅳ类、Ⅴ类及劣Ⅴ类水质的断面数量比例分别为 9%、16%、11%和 64%，说明大部分工业园区的水环境已遭受污染，主要污染物为总氮、总磷、生化需氧量及化学需氧量。

昆明市各工业园区地表水水质情况见表 3-4、图 3-5。

表 3-4　昆明市各工业园区地表水水质情况

园区名称	水系	主要涉及河流（湖库）	断面	功能类别	水质现状	是否达标	超标污染物
昆明高新技术产业开发区	金沙江（滇池流域）	横冲水库	—	Ⅲ	Ⅳ	否	TN
		哨山水库	—	Ⅲ	Ⅲ	是	—
		白云水库	—	Ⅲ	Ⅳ	否	TN
		林塘	—	Ⅲ	劣Ⅴ	否	TP、TN、COD_{Cr}、COD_{Mn}
		化成塘	—	Ⅲ	劣Ⅴ	否	TP、TN、NH_3-N、COD_{Cr}
		马金塘	—	Ⅲ	劣Ⅴ	否	TN
		梁王河	—	Ⅲ	Ⅳ	否	TP、TN、COD_{Cr}
		哨山河	—	Ⅲ	劣Ⅴ	否	TN
		南冲河	—	Ⅲ	劣Ⅴ	否	TN
昆明滇池国家旅游度假区	金沙江（滇池流域）	船房河	一检站	Ⅳ	劣Ⅴ	否	氨氮、石油类、总磷
		西坝河	平桥村	Ⅳ	劣Ⅴ	否	氨氮、石油类、总磷
		采莲河	河尾桥	Ⅲ	劣Ⅴ	否	石油类、总磷、氨氮

园区名称	水系	主要涉及河流（湖库）	断面	功能类别	水质现状	是否达标	超标污染物
昆明经济技术开发区	金沙江（滇池流域）	六甲宝象河	东张村	Ⅲ	劣Ⅴ	否	氨氮、六价铬、石油类
		五甲宝象河	曹家村	Ⅲ	劣Ⅴ	否	石油类、COD_{Mn}、氨氮
		老宝象河	龙马村	Ⅲ	劣Ⅴ	否	石油类、氨氮、总磷
		虾坝河	五甲塘	Ⅲ	劣Ⅴ	否	石油类、氨氮、汞
		大青河	严家村	Ⅲ	劣Ⅴ	否	氨氮、BOD_5、总磷
安宁市工业园区	金沙江	螳螂川	安宁大桥	Ⅴ	劣Ⅴ	否	BOD_5、总磷、氟化物
			温泉大桥	Ⅴ	劣Ⅴ	否	BOD_5、总磷、氟化物
		鸣矣河	通仙桥	Ⅲ	Ⅳ	否	TN、TP
		沙河	桥头小学	Ⅳ	劣Ⅴ	否	BOD_5、TP、TN、NH_3-N、COD_{Cr}、COD_{Mn}
			大罗白	Ⅳ	劣Ⅴ	否	BOD_5、TP、TN、NH_3-N、COD_{Cr}、COD_{Mn}
海口工业园区	金沙江	螳螂川	中滩闸	Ⅲ	劣Ⅴ	否	TN、COD_{Cr}、TP、氟化物、阴离子表面活性剂
呈贡工业园区	金沙江（滇池流域）	洛龙河	入湖口	Ⅲ	Ⅳ	否	汞、BOD_5、氨氮、铅
		捞鱼河	入湖口	Ⅲ	劣Ⅴ	否	氨氮、BOD_5、总磷
杨林工业开发区	牛栏江	—	崔家庄	Ⅲ	Ⅳ	否	BOD_5、石油类、COD_{Mn}、氟化物、总磷
东川再就业特区	金沙江	小江	阿旺	Ⅲ	Ⅴ	否	TP、TN、COD_{Cr}
			板河口	Ⅳ	劣Ⅴ	否	TP、TN、NH_3-N、COD_{Cr}
			小江桥	Ⅳ	劣Ⅴ	否	TP、TN、COD_{Cr}
寻甸特色产业园区	牛栏江	—	七星桥	Ⅲ	Ⅴ	否	TN、挥发酚、COD_{Cr}
		前进河	庙坡桥	Ⅲ	Ⅳ	否	TN
		三月三水库	—	Ⅲ	劣Ⅴ	否	TP
		潘所海	—	Ⅲ	劣Ⅴ	否	pH、COD_{Cr}、氟化物
	小江	功山河	利民桥	Ⅲ	Ⅲ	是	—
	普渡河	蟒蛇河	—	Ⅲ	Ⅴ	否	NH_3-N
晋宁特色工业园区	滇池流域	大河	入湖口	Ⅲ	Ⅴ	否	铅、BOD_5、COD_{Mn}、总磷、氨氮
		柴河	牛恋乡	Ⅲ	劣Ⅴ	否	氨氮、总磷、氟化物、BOD_5、COD_{Mn}
官渡工业园	滇池流域	马料河	新村断面	Ⅲ	劣Ⅴ	否	TN、TP、NH_3-N
		马料河	垃圾场污水汇入口	Ⅲ	劣Ⅴ	否	TN
		果林水库	—	Ⅲ	劣Ⅴ	否	COD_{Cr}、TP

园区名称	水系	主要涉及河流（湖库）	断面	功能类别	水质现状	是否达标	超标污染物
宜良县工业园区	南盘江	南盘江	柴石滩	Ⅲ	劣Ⅴ	否	砷、总磷、COD_{Mn}、氟化物、BOD_5
石林县生态工业集中区	南盘江	南盘江	巴江	Ⅲ	Ⅳ	否	氨氮
富民工业集聚区	金沙江	螳螂川	富民大桥	Ⅴ	劣Ⅴ	否	氨氮、磷、氟化物、汞
禄劝县崇德工业园区	—	桂花箐水库	—	Ⅲ	Ⅲ	是	—
	掌鸠河	新房子电站	—	Ⅳ	Ⅴ	否	TN

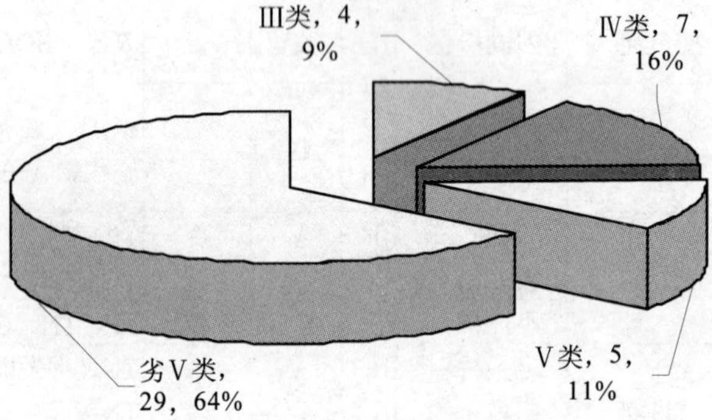

注：4，5，7，29 为各类断面的数量。

图 3-5 各工业（产业）园区各断面水质类别及比例构成

3.1.1.5 水环境综合评价

昆明市市域内 26 个集中式饮用水水源地中，仅有白龙潭、云龙水库及清水海 3 个湖（库）为Ⅱ类水，达到水质保护目标要求，其余 23 个湖（库）未达到水质保护目标要求，水质达标湖库数量仅占总数的 12%。Ⅱ～Ⅲ类、Ⅳ～Ⅴ类及劣Ⅴ类的湖（库）数量比例分别为 46%、23%和 31%，处于中度营养或贫营养状态。

主城区 6 个水库及 2 个地下水水源地中，只有云龙水库水质类别为Ⅱ类水，达到其Ⅱ类水的水质保护目标要求，Ⅱ～Ⅲ类、Ⅳ～Ⅴ类及劣Ⅴ类的湖（库）数量比例分别为 10%、24%和 66%。从各饮用水水源地的 2002—2007 年的六年综合污染指数平均值看，昆明市饮用水源污染负荷从轻污染到重污染的排列顺序为：云龙水库、松华坝水库、宝象河水库、大河水库、柴河水库、自卫村水库。污染特征以氮、磷及有机污染为主。

41 条河流、50 个监测断面中，只有 7 个断面达到其水质保护目标的要求，水质达标率仅为 14%，主要污染指标为总氮、总磷、氨氮、高锰酸盐指数、五日生化需氧量、石油类。41 条河流中，Ⅱ类、Ⅲ类、Ⅳ类、Ⅴ类及劣Ⅴ类水质的 50 个监测断面比例分别为 6%、4%、15%、9%和 66%，说明大部分河流已遭受严重污染，其中污染最重的河流为乌龙河、新河、海河、大青河等，污染较轻的河流为冷水河、牧羊河等。2002—2007 年的六年间，昆明市主要河流中水质类别为Ⅱ～Ⅲ类、Ⅳ～Ⅴ类及劣Ⅴ类的断面数量比例分别为 10%～20%、20%～30%和 55%～70%。

4 个主要湖（库）中，达到水质功能要求的为 2 个，占总数的 50%。水质功能达标率为 50%，主要污染指标为总磷、总氮、氨氮、高锰酸盐指数、五日生化需氧量。

滇池草海、外海水体水质总体均劣于Ⅴ类，均未达到功能要求，其中草海综合营养状态指数为 80.0，属重度营养状态，主要污染指标为总氮、氨氮、总磷及化学需氧量，超标倍数分别为 8.7 倍、6.7 倍、3.7 倍及 0.8 倍；外海综合营养状态指数为 68.0，属中度营养状态，主要污染指标为化学需氧量及总氮，超标倍数分别为 2.4 倍及 2.0 倍。

15 个产业（工业）园区中，没有一个工业园区水质类别完全达到水质保护目标要求。

昆明市 2007 年地表水水质监测和达标现状见彩图 3-1 和彩图 3-2。

3.1.2 空气环境

3.1.2.1 主城区环境空气现状

2007 年昆明市主城区环境空气质量状况良好，城区污染水平从大到小依次为：高新技术开发区＞东风东路＞马街＞关上＞龙泉镇。根据《2007 年度昆明市环境质量报告书》，降尘年月均值为 11.3 t/（km^2·月），超标率 100%［推荐标准为 8 t/（km^2·月）］。按照 GB 3095—1996《环境空气质量标准》二级标准进行评定，日均值未出现超标情况，即主城区空气质量日均值达标率为 100%；年均值可吸入颗粒物、二氧化氮达标，但二氧化硫超标，超标倍数为 0.13 倍。

3.1.2.2 各区（县/市）环境空气现状

根据对各区（县/市）二氧化硫、二氧化氮、可吸入颗粒物三个指标计算出的空气污染综合指数，2007 年昆明市空气污染状况从重到轻排序为：东川区＞安宁市＞主城区＞嵩明县＞晋宁县＞禄劝县＞寻甸县＞呈贡县＞石林县＞富民县。

从各项污染指标的污染负荷比例构成大小来看，整个昆明市市域内的主要空气污染物为可吸入颗粒物（占 48%），其次是二氧化硫（占 32%），再次为二氧化氮（占 20%）。其中主城区、安宁市及宜良县的主要污染物依次为二氧化硫、可吸入颗粒物及二氧化氮；呈贡县及晋宁县的主要污染物是可吸入颗粒物、二氧化氮及二氧化硫；富民县、禄劝县、寻甸县、石林县、嵩明县及东川区的主要污染物为可吸入颗粒物、二氧化硫及二氧化氮。各区（县/市）空气污染综合指数见图 3-6。

2007 年昆明市区环境空气质量状况为：富民县达到国家空气质量一级标准，呈贡县、晋宁县、嵩明县、禄劝县、石林县、寻甸县达到二级标准。主城区、东川区、安宁市、宜良县空气质量未达到国家空气质量二级标准，其中主城区、安宁市、宜良县为三级标准，超标污染物为二氧化硫；东川区为劣于三级标准，超标污染物为可吸入颗粒物和二氧化硫。

从二氧化硫、二氧化氮、可吸入颗粒物及降尘的环境空气综合污染指数构成可以看出，昆明市主要污染物为降尘，占污染负荷比的 37.1%；其次为二氧化硫，负荷比占 29.8%；再次为可吸入颗粒物，占 19.7%；二氧化氮占 13.5%。

2007 年昆明市环境空气质量状况见图 3-6 和图 3-7。

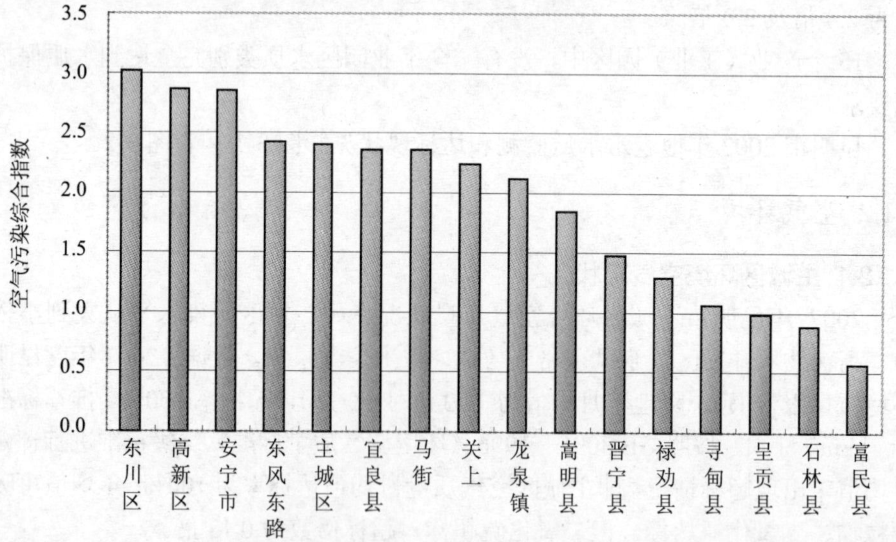

图 3-6　各测点空气污染综合指数

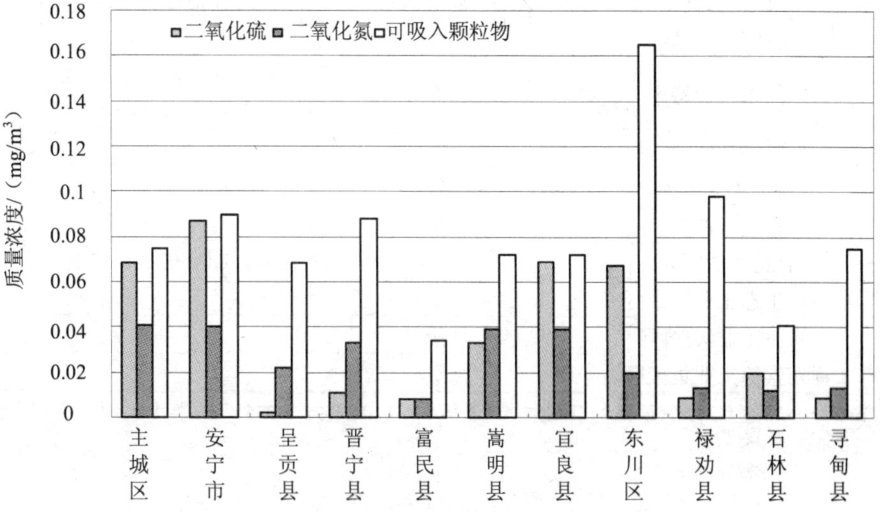

图 3-7　2007 年昆明市所辖县区环境空气监测结果

3.1.2.3 开发区与工业园区空气环境现状

根据开发区与工业园区的环境影响评价报告，以及《2007 年度昆明市环境质量报告书》，采用《环境空气质量标准》（GB 3095—1996）进行评价，其中超标指标及超标倍数采用年均值二级标准评价。15 个开发区与工业园区中，石林生态工业集中区及富民工业集聚区 2 个工业园区的环境空气质量级别为一级，昆明滇池国家旅游度假区、昆明海口工业新区、昆明呈贡工业园区、杨林工业园区、寻甸特色产业园区、晋宁工业园区、官渡工业园、禄劝崇德工业集聚区 8 个开发区与工业园区的环境空气质量级别为二级；其余 5 个开发区与工业园区的环境空气质量级别为三级，主要污染因子为二氧化硫。15 个开发区与工业园区环境空气现状见表 3-5。昆明市 2007 年环境空气质量状况见彩图 3-3。

表 3-5　昆明市开发区与工业园区环境空气现状

园区名称	空气质量级别	超标指标及超标倍数
昆明高新技术产业开发区	二级	—
昆明滇池国家旅游度假区	二级	—
昆明经济技术开发区	三级	二氧化硫，超标倍数 0.5 倍
安宁市工业园区	三级	二氧化硫，超标倍数 0.45 倍
昆明海口工业新区	二级	—
昆明呈贡工业园区	二级	—

园区名称	空气质量级别	超标指标及超标倍数
杨林工业园区	二级	—
东川再就业特区	三级	可吸入颗粒物，超标倍数 0.12 倍；二氧化硫，超标倍数 0.65 倍
寻甸特色产业园区	二级	—
晋宁工业园区	二级	—
官渡工业园	二级	—
宜良工业园区	三级	二氧化硫，超标倍数 0.15 倍
石林生态工业集中区	一级	—
富民工业集聚区	一级	—
禄劝崇德工业集聚区	二级	—

注：表中的空气质量级别判别依据为《环境空气质量标准》（GB 3095—1996）；超标指标及超标倍数采用年均值二级标准评价。

3.1.3 噪声环境

3.1.3.1 城市（镇）区域声环境

根据《昆明市环境质量报告书》（2007 年），2007 年昆明市主城区（包括五华区、盘龙区、官渡区及西山区）等区域环境噪声（昼间）平均等效声级达 2 类区噪声标准，总体评价为较好。区域环境噪声平均等效声级范围为 37.3～65.3 dB（A），全年平均等效声级为 51.9 dB（A），与 2006 年比较，全年平均等效声级降低了 3 dB（A）。从噪声源地区分布上来看，工业声源主要集中在主城北郊茨坝镇、城西北普吉、西部黑林铺、黄土坡和西南郊马街一带，东部的凉亭铁路货运中心和经济技术开发区等地也有一些工业企业分布，城郊结合部有一些零星的小加工厂和作坊。在主城中心区、北部地区的世博园片、南部地区的滇池旅游度假区等以居住、文教机关为主的区域，由于饮食业、娱乐业和商业发达，交通路网密集，所以主要噪声源为生活噪声源和交通噪声源。

根据《声环境质量评价方法技术规定》以及《城市区域环境噪声标准》（GB 3096—1993），10 个县（市）区（不含 4 个主城区）区域环境噪声（昼间）平均等效声级，东川区、宜良县及禄劝县未达到 2 类区标准，其余的安宁市、石林县、嵩明县、富民县、呈贡县、晋宁县、寻甸县，达到 2 类标准。噪声质量总体评价为：东川区为重度污染，宜良县及禄劝县为中度污染，富民、呈贡为轻度污染，石林、嵩明及晋宁为较好，寻甸为好。噪声源构成见图 3-8。

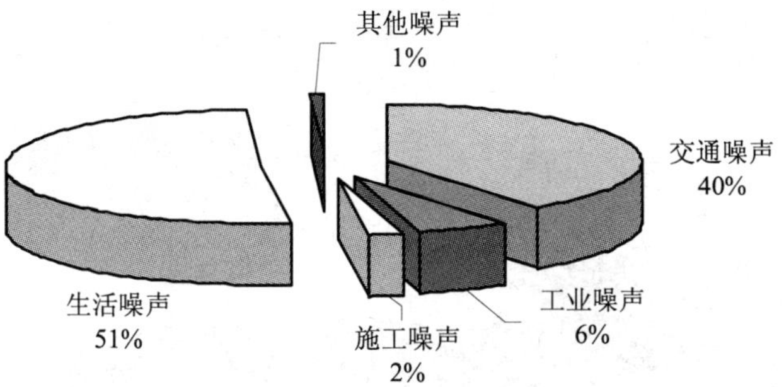

图 3-8 昆明市 2007 年区域噪声源构成

3.1.3.2 功能区噪声

主城区功能区噪声按四类功能区设点进行昼夜监测。

一类区（居民文教区）：年平均等效声级昼间为 48.2 dB（A），超标率 1.3%；夜间为 41.3 dB（A），超标率 2.5%。

二类区（混合区）：年平均等效声级昼间为 51.7 dB（A），达到标准；夜间为 47.5 dB（A），超标率 10.0%。

三类区（工业集中区）：年平均等效声级范围昼间为 50.9 dB（A），超标率 3.8%；夜间为 40.0 dB（A），达到标准。

四类区（交通干线两侧）：年平均等效声级范围昼间为 65.2 dB（A），达到标准；夜间为 60.5 dB（A），超标率 75%。

2007 年昆明市功能区噪声中，1 类区昼夜噪声超标，2、4 类区夜间噪声超标，3 类区昼夜噪声超标。各类功能区监测情况详见表 3-6。

表 3-6 2007 年昆明市功能区噪声统计结果

功能区类别	1 类区		2 类区		3 类区		4 类区	
标准	55	45	60	50	65	55	70	55
监测项目	L_d	L_n	L_d	L_n	L_d	L_n	L_d	L_n
2007 年	48.2	41.3	51.7	47.5	50.9	40.0	65.2	6.05

3.1.3.3 城市（镇）道路交通声环境

2007 年主城区监测的路段总长为 91.5km，平均路宽 30.0m，平均车流量 2 993 辆/h。昆明市交通噪声等效声级范围为 65.5～76.5 dB（A），平均等效声级（道路长度加权）69.4 dB（A），比 2006 年降低了 0.3 dB（A）。监测情况见图 3-9。

根据中国环境监测总站《声环境质量评价方法技术规定》，2007 年昆明市道路交通噪声环境质量评价为较好。

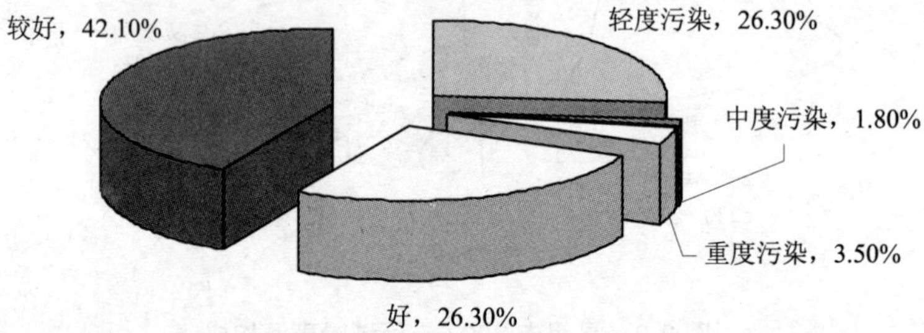

图 3-9　2007 年昆明市主城区道路交通干线声环境监测情况

3.1.3.4 环境噪声综合评价

2007 年昆明市主城区区域环境噪声（昼间）平均等效声级达 2 类区噪声标准，总体评价为较好。10 个县（市、区）（不包含市辖四城区）区域环境噪声（昼间）平均等效声级评价为：东川区、宜良县及禄劝县未达到 2 类区标准，其余县（市、区）达到 2 类区标准。噪声源主要为生活噪声及交通噪声。

2007 年昆明市建成区声环境质量状况有所好转。区域环境噪声、交通干线噪声平均等效声级比 2006 年略有降低；10 个县（市）区区域环境噪声等效声级与 2006 年相比，禄劝县、嵩明县、石林县、安宁市、东川区、富民县、呈贡县 2007 年的区域环境噪声平均等效声级均有所上升，宜良县、寻甸县、晋宁县的区域环境噪声平均等效声级则有所下降。交通干线噪声值接近《城市区域环境噪声标准》（GB 3096—1993）4 类区标准限值；功能区噪声中除 2 类区、4 类区昼间和 3 类区夜间达标外，其余均超标，噪声污染情况仍然不容乐观。

3.2 污染源现状

3.2.1 废水

2007 年全市点污染源的废水及主要污染物排放量为：废水 23 411.38 万 t，化学需氧量 36 806.09 t，氨氮 8 589.09 t，石油类 49.37 t。具体情况见表 3-7。

表 3-7 2007 年昆明市废水点污染源排放情况

污染物来源	废水/万 t	化学需氧量/t	氨氮/t	石油类/t	砷/t	铅/t	镉/t
生活源	18 703	32 229	8318	—	—	—	—
工业源	4 708.38	4 577.09	271.09	49.37	1.42	8.33	0.11
合计	23 411.38	36 806.09	8 589.09	49.37	1.42	8.33	0.11

昆明市废水点污染源分为城镇生活源和工业源，其中城镇生活源的污水排放量占 80%，化学需氧量占 88%，氨氮占 97%；工业源的废水排放量占 20%，化学需氧量占 12%，氨氮占 3%。石油类、砷、铅、镉等特征污染物全部来自工业污染源。详见彩图 3-4、彩图 3-5 和彩图 3-6。

3.2.1.1 城镇生活污染源

根据《2007 年昆明市统计年鉴》，2007 年昆明市城镇人口为 366 万人，人均排污系数参考《第一次全国污染源普查产排污系数手册》取值，即：污水排放量 140 L/（人·d），化学需氧量为 57 g/（人·d），氨氮为 8.7 g/（人·d），采用人均生活污水排放系数法进行测算，扣除现有污水处理厂的削减量，2007 年昆明全市城镇生活污水及其污染物排放量为：生活污水 18 703 万 t，化学需氧量 32 229t，氨氮 8 318 t。详见表 3-8。

表 3-8 2007 年昆明市城镇生活污水污染物排放情况

	核算排放量	污水处理厂削减量	实际排放量
污水排放量/（万 t/a）	18 703	—	18 703
化学需氧量/（t/a）	76 146	43 917	32 229
氨氮/（t/a）	11 622	3 304	8 318

3.2.1.2 工业污染源

根据《2007 年环境统计》，2007 年昆明全市 14 个区县的工业污染企业统计数为 433 个，共排放工业废水 4 708.38 万 t，化学需氧量为 4 577.09 t，氨氮为 271.09 t，石油类为 49.37 t，砷为 1.42 t，铅为 8.33 t，镉为 0.11 t。

在昆明市所属区县中，安宁市的工业污染最为严重。安宁以占昆明市 19.2%的企业数量，排放了 46.94%的工业废水量、44.81%的化学需氧量、28.85%的氨氮。按区县看，2007 年污染物排放情况如图 3-10 所示。

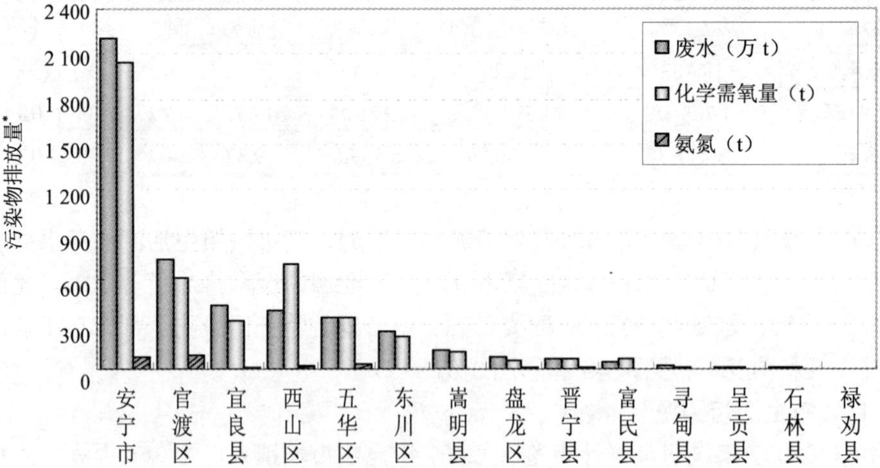

* 单位见图内标识。

图 3-10 2007 年昆明市各区县工业废水及主要污染物排放情况

3.2.2 废气

2007 年昆明全市大气污染物排放量为：废气 23 620 519.00 万 m^3，二氧化硫 105 115.41t，氮氧化物 44 526.34t，烟尘 20 300.53t，粉尘 9 228.04t。

昆明市空气污染物来源分为城镇生活源和工业源，其中 94.48%的二氧化硫、80.03%的氮氧化物、65.50%的烟尘来自于工业源。

表 3-9 2007 年昆明市空气污染物排放情况

污染来源	废气/万 m^3	二氧化硫/t	氮氧化物/t	烟尘/t	粉尘/t
生活源	—	5 807.00	8 890.00	7 003.00	—
工业源	23 620 519.00	99 308.41	35 636.34	13 297.53	9 228.04
合计	23 620 519.00	105 115.41	44 526.34	20 300.53	9 228.04

3.2.2.1 城镇生活废气

2007 年昆明全市 14 个区县的城镇生活源空气污染物排放量为：二氧化硫 5 807.00 t，烟尘 7 003.00 t，氮氧化物 8 890.00 t。其中，官渡区的空气污染最严重，官渡区的二氧化硫、烟尘、氮氧化物排放量分别占全市的 48.96%、49.55%和 32.22%。

2007 年昆明市各县区生活源空气污染物排放情况见表 3-10。

表 3-10　2007 年昆明市各县区生活源空气污染物排放情况

区域	二氧化硫		烟尘		氮氧化物	
	排放量/t	比例/%	排放量/t	比例/%	排放量/t	比例/%
五华区	106.00	1.83	64.00	0.91	1 620.00	18.22
盘龙区	7.00	0.12	11.00	0.16	1 697.00	19.09
官渡区	2 843.00	48.96	3 470.00	49.55	2 864.00	32.22
西山区	80.00	1.38	15.00	0.21	1 623.00	18.26
东川区	143.00	2.46	767.00	10.95	19.00	0.21
呈贡县	131.00	2.26	200.00	2.86	38.00	0.43
晋宁县	197.00	3.39	300.00	4.28	56.00	0.63
富民县	197.00	3.39	30.00	0.43	78.00	0.88
宜良县	291.00	5.01	422.00	6.03	103.00	1.16
石林县	180.00	3.10	260.00	3.71	82.00	0.92
嵩明县	407.00	7.01	620.00	8.85	117.00	1.32
禄劝县	158.00	2.72	260.00	3.71	150.00	1.69
寻甸县	713.00	12.28	287.00	4.10	210.00	2.36
安宁市	354.00	6.10	297.00	4.24	233.00	2.62
合计	5 807.00	100.00	7 003.00	100.00	8 890.00	100.00

3.2.2.2 工业废气

（1）区域统计

2007 年昆明全市工业废气及其污染物排放量为：废气 23 620 519.00 万 m^3，二氧化硫 99 308.41 t，氮氧化物 35 636.34 t，烟尘 13 297.53 t，粉尘 9 228.04 t。其中，安宁市的工业废气、氮氧化物、粉尘排放量分别占全市的 40.85%、41.51%、41.40%；官渡区烟尘排放量占 35.17%、粉尘排放量占 33.52%；宜良县二氧化硫排放量占 46.39%。昆明市各区县工业源大气污染物排放量如图 3-11 所示，各区县工业源大气污染物排放情况见彩图 3-7。

（2）行业统计

在昆明全市内，产生工业废气及污染物的企业共有 416 家，分属 28 个行业。其中，电力、热力的生产和供应业行业有企业 5 家，其二氧化硫排放量占全市工业二氧化硫排放量的 54.26%，氮氧化物占 50.21%，烟尘占 15.69%，属于空气污染最为严重的行业。另外，4 类空气污染较重的行业包括化学原料及化学制品制造业（102 家）、非金属矿物制品业（59 家）、黑色金属冶炼及压延加工业（23 家）、有色金属冶炼及压延加工业（39 家），其废气排放量占 79.46%，二氧化硫排放量占 42.38%，氮氧化物排放量占 44.92%，烟尘排放量占 55.84%，粉尘排放量占 98.61%。大气污染物排放量最大的前十个行业的排放情况见图 3-12。

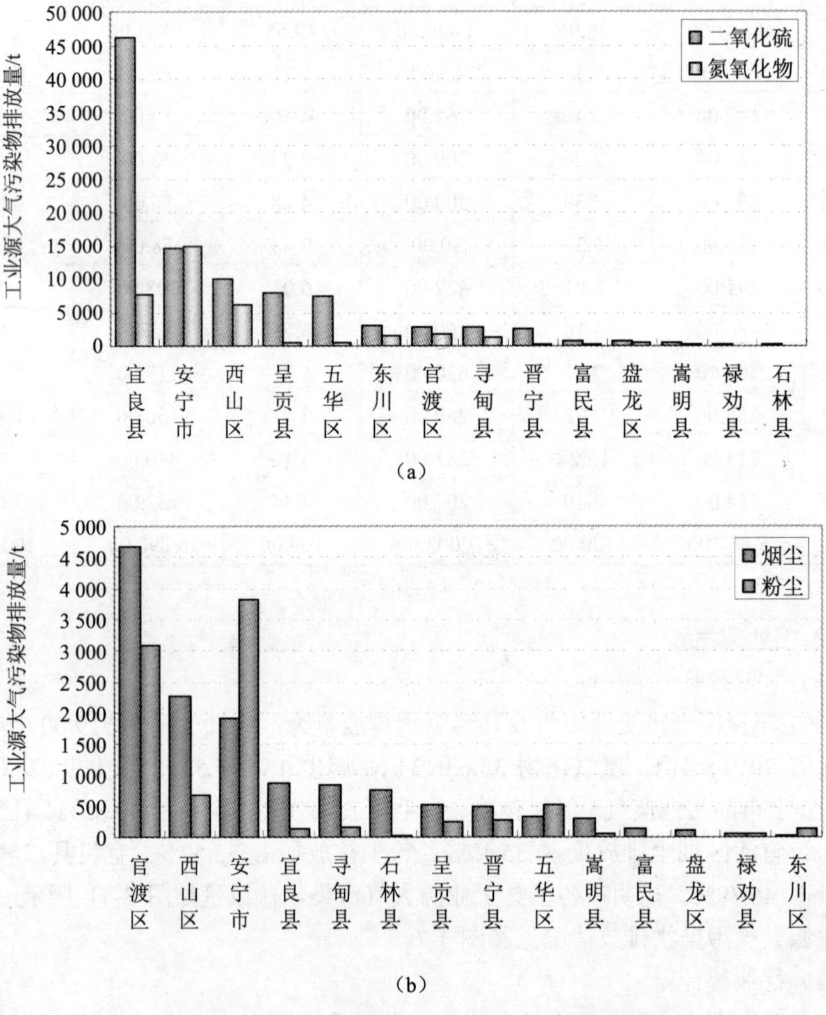

图 3-11 2007 年昆明市工业源大气污染物排放量

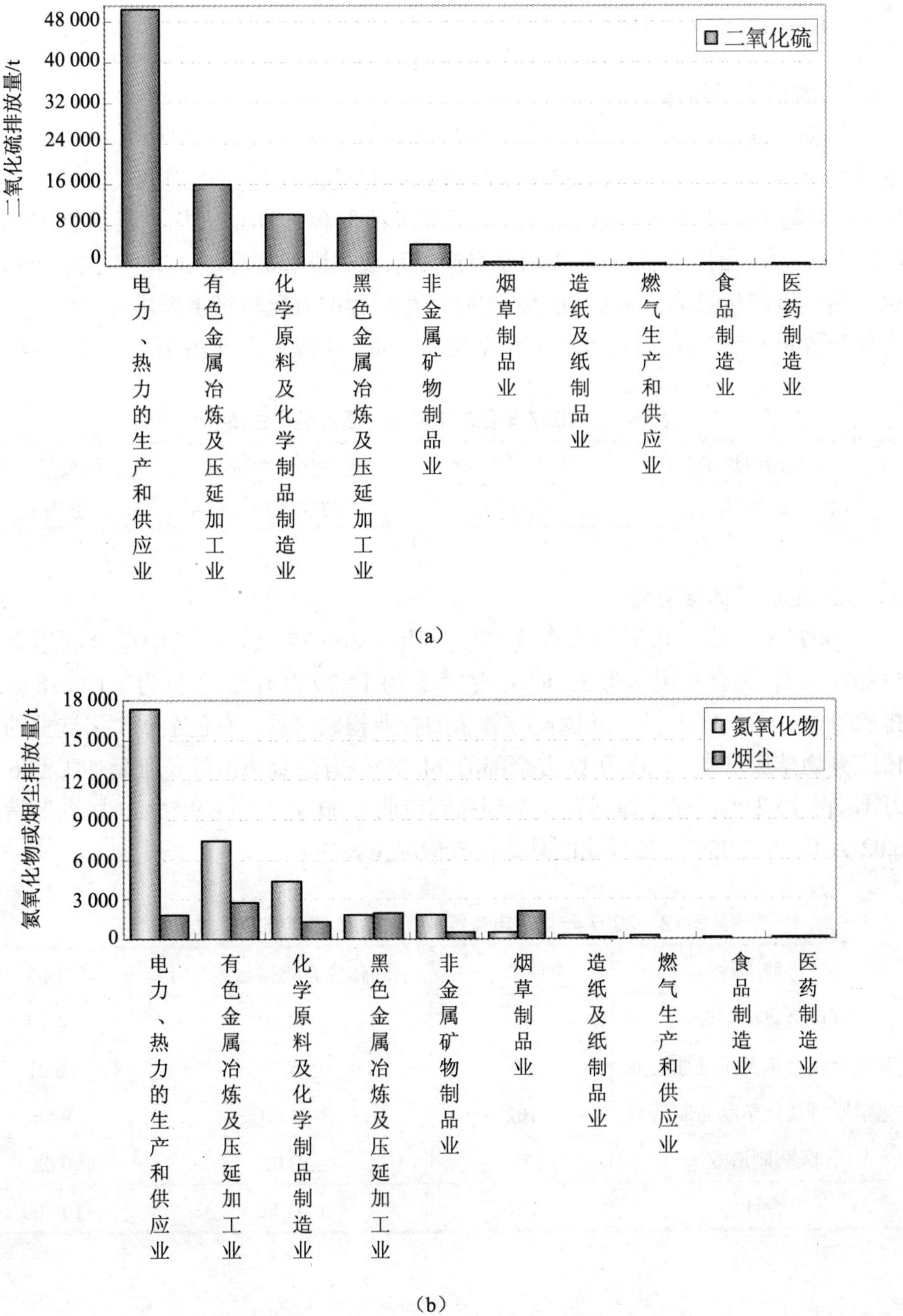

图 3-12　2007 年昆明市分行业的大气污染物排放量

3.2.3 固体废弃物污染

3.2.3.1 城镇生活垃圾

根据《2007 年昆明市统计年鉴》，2007 年昆明市城镇人口为 366 万人，人均排污系数参考《云南省城镇生活垃圾无害化处理设施建设规划（2008—2020 年）》中关于昆明市城镇居民人均生活垃圾的取值，即：人均生活垃圾产生量 0.779kg/（人·d），采用人均生活垃圾产生系数法进行测算，2007 年昆明全市城镇生活垃圾产生量为 104.07 万 t，扣除已在运行的五座垃圾填埋场及焚烧场的无害化处置量 97.37 万 t，垃圾无害化率为 93.6%，排放量为 6.70 万 t。见表 3-11。

表 3-11　2007 年昆明市城镇生活垃圾产生情况

人均垃圾量	垃圾产生量	无害化处置量	排放量
0.779 kg/（人·d）	104.07 万 t	97.37 万 t	6.70 万 t

3.2.3.2 工业固体废弃物

2007 年昆明全市固体废弃物产生量为 1 800.77 万 t，其中综合利用量为 638.64 万 t，综合利用率为 35.46%；贮存量为 14.79 万 t，处置量为 1 107.78 万 t，排放量为 41.83 万 t。从工业固废排放量的行业构成来看，有色金属矿采选业的固体废弃物排放量为 31.03 万 t，占全部的 74.18%；有色金属冶炼及压延加工业 6.78 万 t，占 16.21%；化学原料及化学制品制造业 4.00 万 t，占 9.56%；医药制造业 0.02 万 t，占 0.05%。各行业的具体排放情况见表 3-12。

表 3-12　2007 年昆明市各行业工业固体废弃物的排放情况

行业名称	企业数/个	固体废弃物排放量/万 t	比例/%
有色金属矿采选业	15	31.03	74.18
有色金属冶炼及压延加工业	39	6.78	16.21
化学原料及化学制品制造业	102	4.00	9.56
医药制造业	25	0.02	0.05
合计	181	41.83	100.00

3.3 污染防治现状

3.3.1 工业污染治理

昆明市工业污染治理历经1996年对“十五小”污染企业的关停及限期治理、2000年工业企业主要污染物达标排放和2004年排污企业全面达标排放三个阶段，使得工业污染源的排污总量并没有随着社会经济的发展而同步增长，工业污染源污染物的排放基本得到有效控制。

“十五”期间，在企业排放污染物浓度实现达标排放的基础上，为实施污染物排放总量控制，有效控制环境污染，使环境质量进一步得到好转，昆明市实施了排污许可证制度。同时，为监控排污企业污染治理设施的运行和生产废水的排放情况，根据国家要求，采取了企业排污口规范化整治、安装污水流量计和环保设施运行监控仪等监控工作，提高了对污染源的管理效能。

2007年昆明市列入环境统计的重点工业污染源企业共计有433家，工业废水达标排放率达到 98.09%，远远高于云南省 80.96%的水平；工业废气处理设施共计有1 253套，处理能力达4 110.6万 m^3/h；工业废弃物综合利用率为34.1%，“三废”综合利用产品产值19.9亿元。

3.3.2 城镇污染治理

3.3.2.1 城镇生活污水处理

2007年昆明市污水处理厂共10座，日设计处理能力为64.5万t，实际处理能力49.2万t。污水处理厂年处理生活污水17 657万t，去除生活污水中化学需氧量44 035 t、氨氮3 308 t、总磷851 t。

3.3.2.2 城镇生活垃圾处置

2007年昆明市建成区生活垃圾产生量111.8万t，较上年增加4.46万t，所有垃圾全部运送至垃圾填埋场进行卫生填埋处理，无害化处理率为100%。

3.3.3 节水及再生水利用状况

昆明市的污水处理再生利用有集中和分散两种形式。

3.3.3.1 昆明市城市污水处理厂尾水再生利用（集中式）建设现状

据昆明市滇投公司提供的数据，近期已完工的第四污水处理厂中水站和莲花池公园再生水供水管网工程、第五污水处理厂中水站和昆明阳光高尔夫球场再生水供水工程项目，集中式再生水利用设施设计供水能力为 8 000 m^3/d。根据滇池治理“十一五”计划和云南省发改委立项批复，滇投公司正抓紧实施污水处理厂尾水再生利用一期工程（总投资 5 119 万元）。工程完工后，铺设的再生水管网将有 37.74 km，并建成 6 座中水处理站，设立 15 个再生水取水点，设计处理规模为 2.9 万 m^3/d。

3.3.3.2 昆明市分散式污水处理再生利用设施建设现状

分散式污水处理再生利用设施是以单位或居住小区为主体自建并自行管理和利用。到 2008 年底，累计建成 162 座再生水利用设施，设计处理规模达 4.99 万 m^3/d。昆明市已建成的再生水利用设施广泛分布在住宅小区、学校、公交停车场、企业、服务行业、市政园林绿化等行业和单位。

汇总以上集中式及分散式污水处理再生利用情况，目前污水再生水利用量 5.79 万 m^3/d，以主城区城镇生活污水排放量为基数来测算，污水再生回用率为 0.04%。

3.4 主要环境问题

3.4.1 水污染问题突出，水环境形势严峻

主要湖泊河流污染严重。每年都有大量污水及污染物排入地表水域且呈逐年增加的趋势，使得昆明市地表水遭受严重污染。滇池、阳宗海为劣Ⅴ类水质，远远超过Ⅲ类水的功能要求。滇池属中度～重度富营养状态，主要污染指标为氨氮、总氮、总磷，超标倍数分别为 5～9 倍，滇池水质恶化导致占水体绝对优势的蓝藻恶性繁殖和积累，造成滇池水体景观的恶化。阳宗海受砷污染后，水质也急剧下降，对周边工业生活用水造成很大影响。

主要城市集中水源地水质下降。昆明市区域内 26 个集中式饮用水水源地中，仅有白龙潭、云龙水库及清水海 3 个湖（库）为Ⅱ类水，达到水质保护目标要求；其余 23 个湖（库）未达到水质保护目标要求，水质达标湖库数量仅占总数的 12%。水环境污染进一步减少了可利用水资源，使昆明市面临“资源型”缺水与“水质型”缺水并存的局面，进一步加剧了水资源的供需矛盾。

生态环境用水被占用，导致水环境污染加剧。由于水资源短缺，水体稀释自净能力低，水环境更趋恶化；同时水资源短缺造成生态用水不足，使河流、湖泊的自净能力大为降低。为维系和改善区域水环境，必须预留一部分水量作为生态环境用水，有关研究表明：为维持生态平衡需要约占流域多年平均径流量 30%的

水作为生态环境用水，目前在水资源极其短缺的现实条件下，流域的生态用水被大量挤占，从而增加了水环境改善的难度。

3.4.2 大气污染呈上升趋势，城市空气质量下降

近年来随着建设现代化工业强市战略的不断推进，工业结构对能源、资源的依赖程度较高，燃煤量一直呈上升趋势，二氧化硫排放量也是逐年递增，大气污染日渐突出（图 3-13）。随着人们收入水平及生活水平的不断提高，汽车数量逐年增加，以氮氧化物为特征的机动车尾气型污染日渐凸显。影响昆明市空气环境质量的主要污染物为二氧化硫和可吸入颗粒物等。

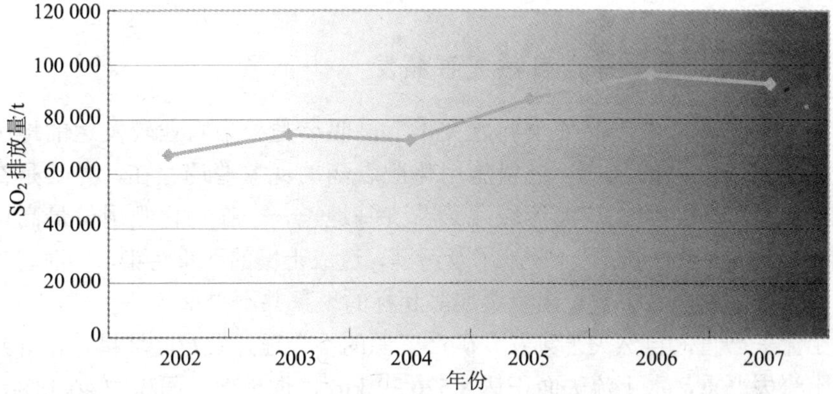

图 3-13　2002—2007 年昆明市 SO_2 排放量变化趋势

3.4.3 固体废弃物综合利用率低，存在卫生及安全隐患

工业固体废弃物产生量大，综合利用率低。2007 年昆明市工业固体废物产生量为 1 800.77 万 t，综合利用率只有 35.46%，处置利用率较低。

固体废弃物混合处置，存在卫生及安全隐患。固体废弃物包括工业固体废弃物、生活垃圾、危险固体废弃物，而每种固体废弃物中又包括多种类型，其成分也十分复杂，需要进行分类处置。然而，目前昆明市固体废弃物还没有完全做到分类收集、分类处置，还有大量的工业废弃物、危险废弃物与生活垃圾混合在一起进行处置，且大部分城镇的固体废弃物处理处置措施不科学、不合理，属于简易填埋或堆放，存在较大的卫生及安全隐患。

3.4.4 农村环境问题日渐突出

农村面源污染日趋严重。昆明市滇池流域种植业、养殖业十分发达，畜禽养殖粪便及过量施用化肥造成的污染已成为滇池水域重要的污染因素。农村面源污染物质排放量占污染物排放总量的比重逐渐增加。

村庄环境“脏、乱、差”问题突出。大部分农村村镇由于缺乏生活污水和垃圾的收集和处理设施，生活污水任意排放，生活垃圾、畜禽粪便、作物秸秆及其他废物随意堆放或倾倒的现象十分普遍，“污水乱泼、垃圾乱倒、粪土乱堆、柴草乱垛、畜禽乱跑”成为一些农村环境的真实写照，沟渠、水塘成为污水池、垃圾堆放场。

3.4.5 生态环境质量下降，自然灾害频发

土壤污染严重，农产品安全问题突出。昆明市是云南农业较发达的地区之一，为了追求农产品的高产，过量施用化肥农药的现象普遍存在，尤其是在滇池流域和城郊农村，如在滇池流域蔬菜花卉基地，一季作物化肥用量最高可达 3 300 kg/hm^2。化肥农药的不合理施用及污灌，造成土壤的严重污染，同时也造成农产品的污染，农产品中被检出重金属等超标的现象并不少见。

水土流失严重，自然灾害频发。矿产资源的不合理开发及陡坡垦殖，导致昆明市水土流失严重，水土流失面积达 8 526.39 km^2，占土地总面积的 40.58%。最为严重的是在东川，区域内水土流失面积占其国土面积的 58.4%，其中中度及中度以上的侵蚀面积占到其国土面积的 43.9%，东川极端退化生态区已成为我国水土流失最严重、我国乃至全世界泥石流灾害最频繁地区。随着水土流失、土壤侵蚀度的加大，自然灾害的发生更加频繁，目前昆明市局部地区已成为自然灾害频发的地区，灾种多、频度高、强度大，成灾重，地质灾害呈日益加剧的趋势，洪涝旱灾几乎连年都有发生。

4 昆明市资源能源消耗强度及污染综合排放强度评估

4.1 昆明市资源能源消耗强度综合评估

4.1.1 工业用水强度综合评估

4.1.1.1 现状及变化趋势

表 4-1 2007 年昆明市工业用水强度比较

	万元 GDP 用水量/m^3	万元工业增加值用水量/m^3
昆明市	152	124
云南省	313	115
全国	235	126

数据来源：（1）2007 年全国水利发展统计公报；

（2）2007 年云南省水资源公报。

从表 4-1 可以看出，2007 年昆明市万元工业增加值用水量为 124 m^3，高于云南省的平均水平，但低于全国平均水平；万元 GDP 用水量 152 m^3，远低于云南省及全国平均水平，说明目前昆明市水资源消耗强度在全国、全省基本处于中等水平。但因为昆明市工业增加值中烟草制品业的产业比例非常大，2007 年达到 34.35%，而其相应的工业用水量只占总用水量的 0.15%，因此，如果除去烟草制品业，昆明市的万元工业增加值用水量为 184 m^3，大于全国及全省平均水平。

用水量最多的行业分别是电力、热力的生产和供应业，黑色金属冶炼及压延加工业和化学原料及化学制品制造业，三个行业的工业增加值合计占总工业增加值的比例为 24.69%，但工业用水量却占到总工业用水量的 92.71%。

2002—2007 年昆明市规模以上工业水资源消耗强度见图 4-1，总体看来万元工业增加值水耗从 2002 年起呈逐年下降趋势，说明“十五”期间昆明市节水工作已经取得了明显成效；但从 2006 年开始又呈大幅上升趋势，说明 2006 年之后工业用水增长率超过了工业增加值的增长率，经济增长的同时仍然有大量水资源的消耗，而且工业用水量仍在逐年增加（图 4-2）。未来昆明市经济的快速发展对水资源的需求仍将不断增加。

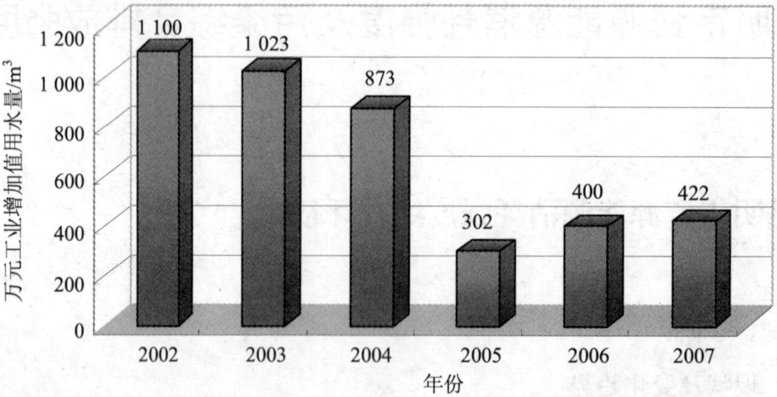

图 4-1　2002—2007 年昆明市规模以上工业水资源消耗强度序列分析图

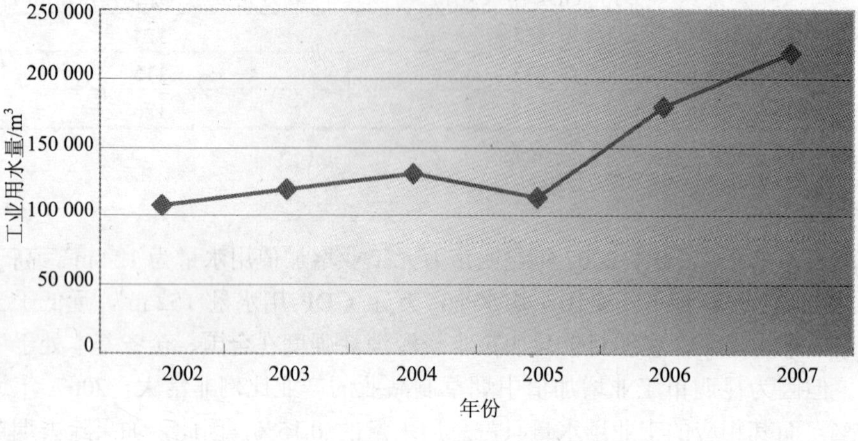

图 4-2　昆明市工业用水量趋势图

4.1.1.2 经济发展与水资源消耗的相关性分析

以 2002—2007 年昆明市的规模以上重点行业水消耗数据和规模以上重点行业工业增加值数据进行曲线回归分析，以工业增加值作为自变量（x）、工业用水总量为因变量（y）进行回归模拟，结果见图 4-3。

根据以上分析，昆明市经济增长与资源消耗的关系尚处于典型的耦合状态，环境库兹涅茨曲线的拐点尚未出现，昆明市经济增长的同时伴随着大量的水资源消耗，且这种趋势在未来几年仍将继续。2004 年以前，昆明市水资源消耗量随经济增长呈现出不断增加的趋势，经济增长与水资源消耗之间呈现典型的耦合状态；

2005 年，水资源消耗量出现波动回落，但幅度较小；2006—2007 年昆明市水资源消耗量又呈快速增加状态。以此分析，未来几年内昆明市经济的快速发展对水资源的需求仍将不断增加，不会产生明显的减少。

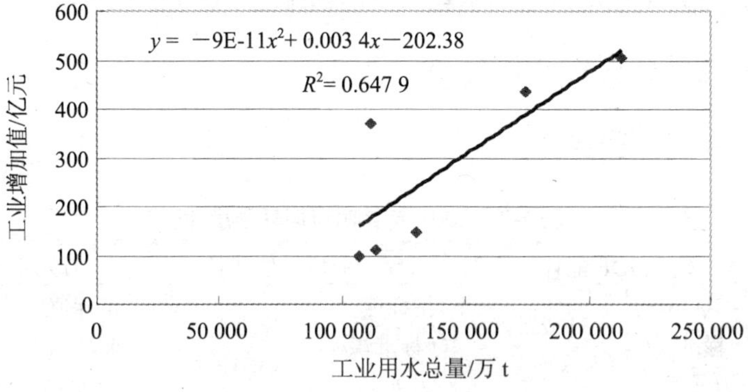

图 4-3 2002—2007 年规模以上工业增加值与工业用水总量的拟合曲线图

4.1.1.3 行业分析

据统计，2007 年全市工业用水量居前三位的行业分别是电力、热力的生产和供应业，黑色金属冶炼及压延加工业，化学原料及化学制品制造业，用水量占全市工业用水量的比例分别达到 37.68%、29.50% 和 25.54%，三者合计占全市工业用水量的 92.71%。工业用水量居前 10 位的行业见表 4-2。

表 4-2 工业用水总量前 10 名行业及其工业用水消耗强度

序号	行业名称	工业用水总量/万 t	占总工业用水量比例/%	工业用水消耗强度/（t 水/万元工业增加值）
1	电力、热力的生产和供应业	80 420.30	37.68	1 734.0④
2	黑色金属冶炼及压延加工业	62 965.25	29.50	1 996.2②
3	化学原料及化学制品制造业	54 512.77	25.54	1 765.4③
4	有色金属冶炼及压延加工业	7 676.01	3.60	165.9
5	造纸及纸制品业	2 528.07	1.18	3 754.4①
6	非金属矿物制品业	1 417.18	0.66	212.8⑤
7	非金属矿采选业	1 021.04	0.48	66.5
8	医药制造业	381.81	0.18	15.8
9	有色金属矿采选业	359.33	0.17	174.4
10	烟草制品业	313.51	0.15	2.1

注：①②③④⑤指工业用水消耗强度排在前 5 名的行业。

在工业用水量占前 10 名的行业中工业用水消耗强度排前三位的分别是造纸及纸制品业、黑色金属冶炼及压延加工业和化学原料及化学制品制造业。3 个行业的万元工业增加值水耗强度都达到 2 000 t 水/万元工业增加值左右，相比烟草制品业 2.1t 水/万元工业增加值的水耗强度，都相差 1 000 倍左右。

4.1.2 工业能耗强度综合评估

4.1.2.1 现状及变化趋势

表 4-3 2007 年昆明市能耗强度比较

省（市）	万元 GDP 能耗		万元工业增加值能耗		万元 GDP 电耗	
	指标值/（t 标准煤/万元）	上升或下降/（±%）	指标值/（t 标准煤/万元）	上升或下降/（±%）	指标值/（kW・h/万元）	上升或下降/（±%）
昆明	1.345	−5.26	2.241	−8.39	1 581.70	−4.85
云南	1.641	−3.98	3.156	−7.11	1 704.70	2.64
全国	1.555	−4.00	2.828	−6.94	1 589.50	0.59
北京	0.714	−6.04	1.188	−10.81	758.25	−3.66
上海	0.833	−4.66	1.006	−8.49	914.19	−5.20
江苏	0.853	−4.28	1.408	−7.65	1 221.44	0.02
浙江	0.828	−4.18	1.302	−5.36	1 246.97	−0.03
广东	0.747	−3.15	0.980	−5.28	1 156.85	−1.30
生态市建设指标	≤0.9	—	—	—	—	—

数据来源：（1）2007 年各省、自治区、直辖市万元 GDP 能耗等指标公报；
（2）2007 年云南省及各州（市）万元 GDP 能耗等指标公报。

从表 4-3 可以看出，2007 年昆明市万元 GDP 能耗、万元工业增加值能耗及万元 GDP 电耗低于云南省的平均水平及全国平均水平，基本处于全国中等水平，但比起东部沿海省份，还有不小的差距。昆明市能耗较低的一个重要原因是昆明市工业增加值中烟草制品业的产业比例非常大（占总量的 35%），而能源消耗量非常小（只占总能源消耗量的 0.50%），如果除去烟草制品业，昆明市的万元工业增加值能耗将达到 5.22t 标煤，远大于全国及全省平均水平。这说明昆明市能耗总体水平还是相当高的，节能降耗还有较大的潜力。

2000—2007 年昆明市规模以上工业能源消耗强度见图 4-4，万元工业增加值能耗从 2001 年开始呈逐年下降趋势，能耗强度由 2001 年的 6.44 t 标煤/万元工业增加值下降到 2007 年的 3.45t 标煤/万元工业增加值，下降幅度达 46.4%。说明昆明市从“十五”期间到“十一五”前期的经济发展过程中，注重科技创新与产业结构升级，注重节能，并已经取得初步成效。但能源消费总量持续增加，能源消耗带来的污染压力仍在增加。

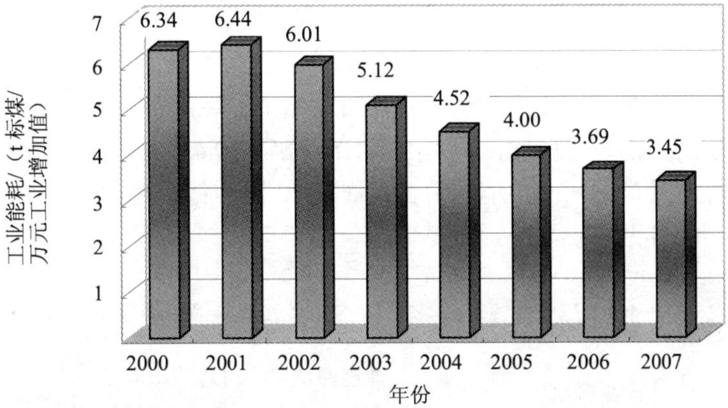

图 4-4　2000—2007 年昆明市规模以上工业能源消耗强度序列分析图

4.1.2.2 经济发展与能耗强度的相关性分析

以 2002—2007 年昆明市的规模以上重点行业能源消耗数据和规模以上重点行业工业增加值数据进行曲线回归分析，以工业增加值作为自变量（x），工业煤炭消费总量为因变量（y）进行回归模拟，结果见图 4-5。

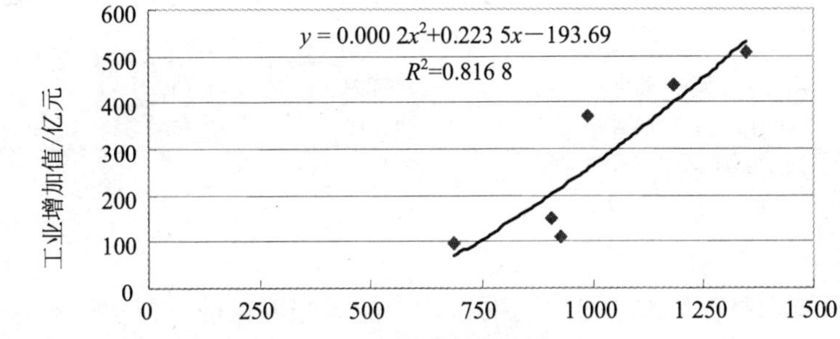

图 4-5　2002—2007 年规模以上工业增加值与工业煤炭消费总量的拟合曲线图

根据以上分析，昆明市经济增长与能源消耗的关系尚处于典型的耦合状态，随着工业增加值的增加，能源消耗量也不断增加，能源库兹涅茨曲线的拐点尚未出现，昆明市经济增长的同时伴随着大量的能源消耗，且这种趋势在未来几年仍将继续。从 2002 年到 2007 年，工业煤炭消费量增加了一倍左右，但工业增加值增加了四倍多，工业增加值增长率远远高于工业煤炭消费量增长率，说明该期间昆明市工业节能已经取得了明显的成效，但离经济增长与能源消耗呈现解耦状态还有一定差距。

4.1.2.3 行业分析

2007 年全市工业行业能源消费量居前三位的行业分别是黑色金属冶炼及压延加工业，电力、热力的生产和供应业及石油加工、炼焦及核燃料加工业，能源消费量占全市能源消费量的比例分别达到 25.65%、19.43%和 17.04%，三者合计约占全市能源消费量的 62%。能源消费量居前 10 位的行业见表 4-4，各行业能源消耗量的比例构成见图 4-7。

表 4-4　工业能源消费量前 10 名行业及其能源消耗强度

序号	行业名称	工业能源消费量/t 标煤	占总能源消费量的比例/%	能源消耗强度/（t 标煤/万元工业增加值）
1	黑色金属冶炼及压延加工业	3 895 688	25.65	12.35④
2	电力、热力的生产和供应业	2 951 373	19.43	6.36
3	石油加工、炼焦及核燃料加工业	2 587 790	17.04	123.84②
4	化学原料及化学制品制造业	1 674 203	11.02	5.42
5	有色金属冶炼及压延加工业	982 168	6.47	2.12
6	燃气生产和供应业	970 470	6.39	155.72①
7	非金属矿物制品业	969 678	6.38	14.56③
8	黑色金属矿采选业	299 352	1.97	6.87⑤
9	非金属矿采选业	267 291	1.76	1.74
10	化学纤维制造业	83 391	0.55	2.15

注：①②③④⑤为排在能源消耗强度前 5 名的行业。

（1）能源消耗强度分析

在工业能源消费量占前 10 名的行业中能耗强度排前三位的行业分别是燃气生产和供应业，石油加工、炼焦及核燃料加工业及非金属矿物制品业。

其中燃气生产和供应业，石油加工、炼焦及核燃料加工业的万元工业增加值能耗强度都超过 100 t 标煤/万元工业增加值，相比能耗强度较小的非金属矿采选业，这两个行业的能耗强度都是其 70 倍以上。因此对于能耗强度大的行业应加强节能改造，提高能源利用效率，减少能源消耗。

（2）洛伦兹曲线分析

全市工业行业能源消费情况与理想的各行业工业增加值的分配状态已发生了偏移，共产生了 5 个拐点，A 点以前的行业其能源消费量的贡献率很大，而相应的工业增加值贡献率却很小，它们分别是燃气生产和供应业，石油加工、炼焦及核燃料加工业，黑色金属矿采选业和非金属矿物制品业，其中最为突出的是石油加工、炼焦及核燃料加工业，其能源消费量的贡献率达到 17.04%，而其工业增加值贡献率却只有 0.47%，两者相差 35 倍之多，属于极高耗能行业；A 点到 B 点是非金属矿采选业，其工业增加值贡献率大于能源消费量的贡献率，属于低耗能工业行业；B 点到 C 点是化学原料及化学制品制造业和黑色金属冶炼及压延加工业，两者都是大耗能行业，其工业增加值贡献率小于能源消费量的贡献率，其中能源消费量的贡献率排在各行业之首位的黑色金属冶炼及压延加工业，其能源消费量的贡献率为 25.65%，工业增加值贡献率只占 7.16%，相差 2 倍多；C 点到 D 点是有色金属冶炼及压延加工业，其工业增加值贡献率大于能源消费量的贡献率，属于低耗能工业行业；D 点到 E 点是电力、热力的生产和供应业，其工业增加值贡献率小于能源消费量的贡献率，属于高耗能工业行业；E 点以后的其他行业总体来说其工业增加值贡献率远远大于其能源消费量的贡献率，属于低耗能工业行业。

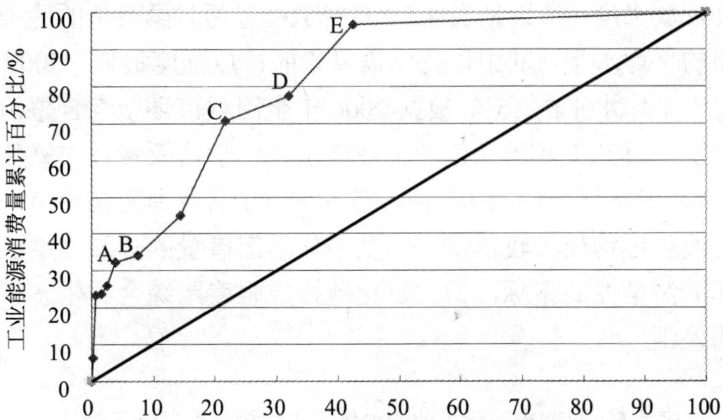

图 4-6 昆明市工业行业能源消费量洛伦兹曲线

由于耗用资源的模式将决定其经济发展后劲，高能耗、低效率的产业模式必将导致资源消耗强度越大，环境压力更突出。昆明市的燃气生产和供应业，石油加工、炼焦及核燃料加工业，黑色金属矿采选业和非金属矿物制品业的能源消费量的贡献率很大，而相应的工业增加值贡献率却很小，属于高耗能行业。因此，控制好这些行业的能源消耗将对全市节能降耗起到至关重要的作用。而医药制造业，烟草制品业及通信设备、计算机及其他电子设备制造业，其工业增加值贡献率远大于能源消费量的贡献率，属于低耗能的工业行业。

4.2 昆明市污染物排放强度综合评估

污染物排放强度可以直观体现经济增长对环境造成的压力水平，同时也能够综合反映出生产技术水平和污染治理水平。

4.2.1 评估的基本方法

主要采用的评估指标包括：万元工业增加值工业废水排放量、万元工业增加化学需氧量排放量、万元工业产值二氧化硫排放量。在对昆明市总体评价的基础上，对昆明市各个区域及滇池流域分别进行评估。

4.2.2 昆明市污染排放强度总体评估

4.2.2.1 昆明市污染排放强度现状分析

根据昆明市环境统计资料及《昆明市统计年鉴》计算出 2006 年及 2007 年昆明市工业污染排放强度，结果见表 4-5。从排放强度看，昆明市的污染排放强度低于全省及全国的平均水平，其中以化学需氧量的排放强度最低，2007 年的排放强度只相当于全省平均水平的 15%。根据 2006 年全国城市环境综合整治定量考核的统计资料，昆明市万元工业增加值的工业废水、化学需氧量及二氧化硫的排放强度分别位列 97 个考核城市的第 67 名、85 名和 40 名，说明昆明市目前的污染排放强度在全省及全国均处于较低水平。其中化学需氧量的排放强度已达到综合类生态工业园区的污染控制指标，但二氧化硫排放强度距综合类生态工业园区标准还有相当大的差距。

表 4-5 昆明市万元工业增加值污染排放强度现状及对比

	工业废水排放强度/（t/万元）	COD 排放强度/（kg/万元）		SO_2 排放强度/（kg/万元）			备注
		综合	扣除烟草	综合	非火电	火电	
昆明市	8.89	0.86	1.21	18.76	10.14	771.94	—
云南省	20.80	5.75	—	26.17	—	—	—
全国	26.58	6.0	—	24.77	—	—	2006 年
综合类生态工业园区	—	≤1	—	≤1	—	—	—

昆明市排放强度较低的一个重要因素是工业污染对昆明市工业增加值贡献最大的烟草制品业排污量较低，如果扣除烟草制品业的工业增加值，则2007年工业废水、化学需氧量及二氧化硫的排放强度将分别提高40%、41%及40%，二氧化硫的排放强度将高于云南省及全国的平均水平；工业废水及化学需氧量排放强度较低的另一个重要因素是工业污染排放量在点污染源排放量中所占比例较低，工业污水和化学需氧量的比例分别占18%和15%。昆明市的污水及污染物主要来自生活源，但二氧化硫排放量主要来自工业源，占总排放量的94%；其中电厂二氧化硫的排放量占工业总排放量的47%，而且电厂二氧化硫排放强度远高于全国平均水平。

4.2.2.2 昆明市污染排放强度变化趋势分析

图4-7至图4-10显示了昆明市近年来工业污染物排放量及工业污染排放强度的变化，总体来看近年来昆明市污染排放强度呈递减趋势，表明随着技术进步、产业升级和环保工作力度的加大，昆明市在工业污染控制方面取得了明显成效，经济增长的质量有所提高。但工业污染排放总量总体还是呈上升趋势，除工业废水排放量稳中有降外，化学需氧量及二氧化硫排放量近年来还是呈上升的趋势，尤其是二氧化硫增幅明显，工业发展对环境的压力依然在加剧。

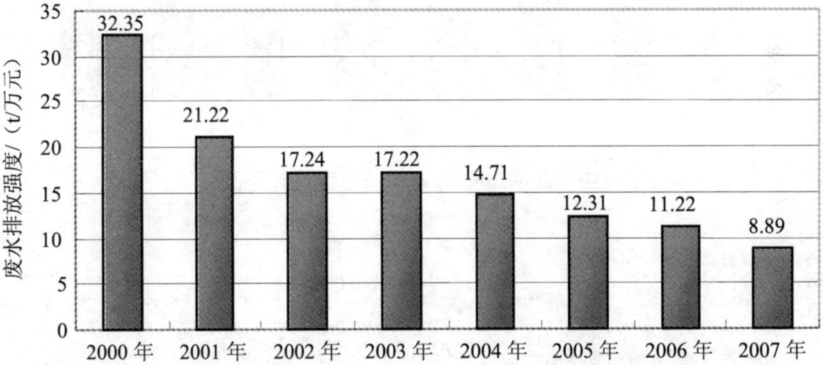

图4-7 昆明市废水排放强度变化趋势图

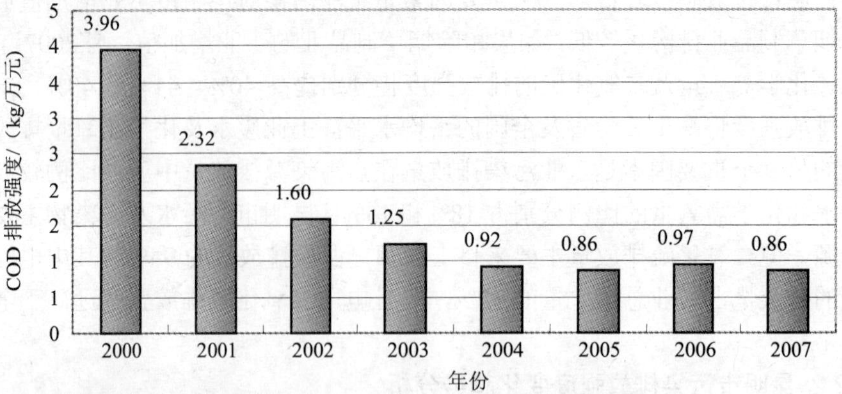

图 4-8 昆明市 COD 排放强度变化趋势图

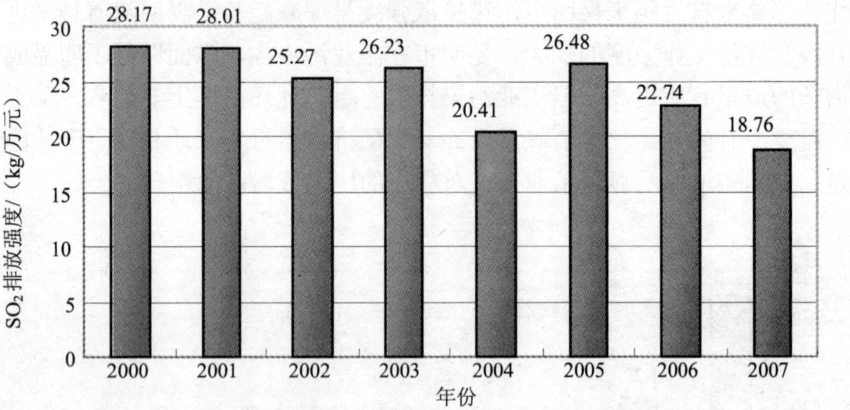

图 4-9 昆明市 SO_2 排放强度变化趋势图

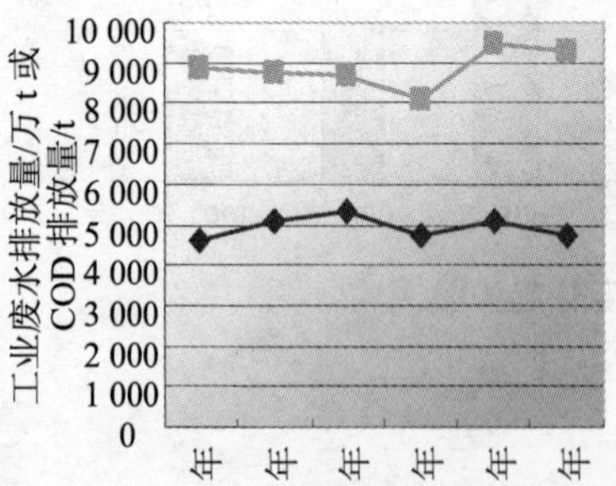

（a）昆明市工业废水及 COD 排放量变化趋势

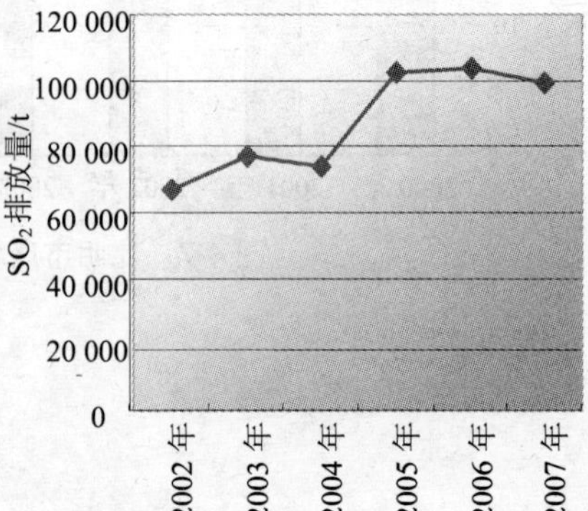

（b）昆明市 SO_2 排放量变化趋势

图 4-10 昆明市主要工业污染物排放量变化趋势图

4.2.3 昆明市各县市污染排放强度分析

4.2.3.1 昆明市各县市污染排放强度现状

昆明市各个县市（区）工业污染排放强度差别很大，2007 年万元工业增加值工业废水排放强度最高的 3 个县市分别为安宁市、宜良县和嵩明县，排放强度最低的是呈贡与禄劝。工业废水排放强度高的县市基本是工业废水排放量较大的区域；化学需氧量排放强度最高的 3 个县市分别是安宁市、宜良县和富民县，其中安宁市的排放强度为昆明市平均水平的 5.6 倍，最低的是禄劝与呈贡；万元工业增加值二氧化硫排放强度最高的 3 个县市为宜良、寻甸和呈贡，其中最高的宜良县的排放强度是昆明市平均水平的近 20 倍，超过全国排放强度最高城市的排放水平，排放强度最低的是石林县。见图 4-11～图 4-13。

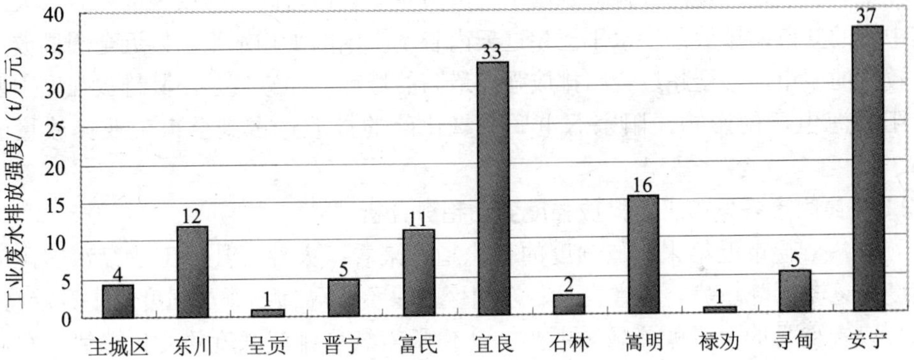

图 4-11 昆明市各县市工业废水排放强度

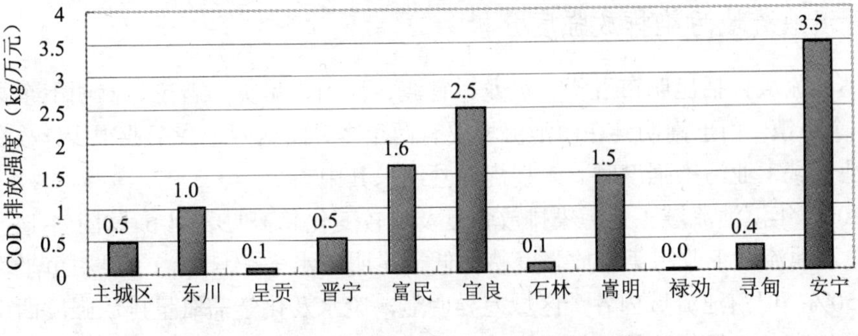

图 4-12 昆明市各县市 COD 排放强度

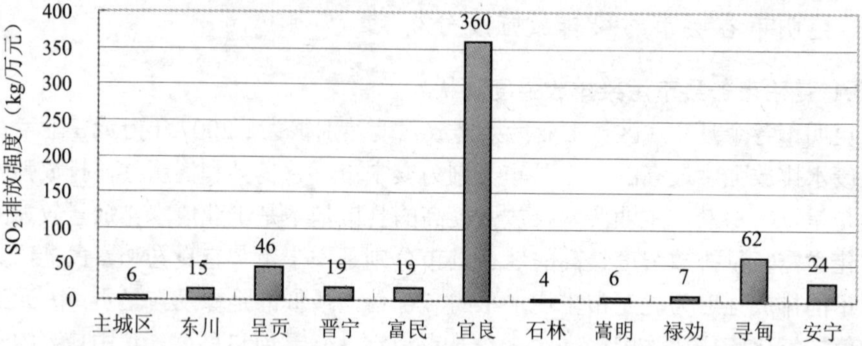

图 4-13 昆明市各县市 SO_2 排放强度

虽然昆明市总体污染排放强度不高，但各个县市之间的排放强度差异很大，其中有的县市的排放强度水平已超过云南省及全国的平均水平，接近全国排放强度较高的城市，甚至超过全国排放强度最高的城市。如宜良县，其排放强度主要受阳宗海电厂的影响，阳宗海电厂二氧化硫的排放量占到全市工业排放量的43.3%。

4.2.3.2 昆明市各县市工业排放强度变化趋势分析

从各个县市近年来排放强度的变化趋势来看，大部分县市工业废水的排放强度呈逐渐下降趋势，但宜良县、东川区、呈贡、寻甸的排放强度呈上升趋势，尤其以宜良县的上升幅度较为明显；从化学需氧量排放强度的变化趋势来看，2003—2005 年大多县市呈下降趋势，但 2005 年后多数县市又呈上升趋势；大多县市二氧化硫的排放强度在 2005 年达到高点后逐步下降，但呈贡、东川、寻甸呈不规则的“N”形变化，2007 年排放强度又有所反弹。见彩图 4-1～彩图 4-3。

4.2.4 滇池流域污染排放强度分析

滇池流域包括昆明市五华、盘龙、官渡、西山、呈贡、晋宁、嵩明七个县区的 25 个乡镇，由于嵩明县在滇池流域仅有两个乡，而这两个乡工业很少，故在统计滇池流域工业污染强度时，未把嵩明县纳入其中。

2007 年滇池流域工业污染排放强度及比较变化趋势见表 4-6 及图 4-14～图 4-16。滇池流域工业污染排放强度整体低于昆明市水平，只相当于昆明市平均水平的 50%；但滇池流域内各个区域差异明显，废水及化学需氧量排放强度西山和官渡区较高；二氧化硫的排放强度则是呈贡县及西山区较高，其中最高的呈贡县其排放强度分别是滇池流域及昆明市平均水平的 5.7 倍和 2.4 倍。

表 4-6 滇池流域工业污染排放强度现状

	工业废水/（t/万元）	化学需氧量/（kg/万元）	二氧化硫/（kg/万元）
五华区	1.62	0.16	3.55
盘龙区	2.33	0.18	2.05
官渡区	10.12	0.83	3.82
西山区	9.68	1.73	24.78
呈贡县	0.93	0.07	45.77
晋宁县	4.79	0.53	18.58
滇池流域	4.19	0.46	8.06
昆明市	8.89	0.86	18.76

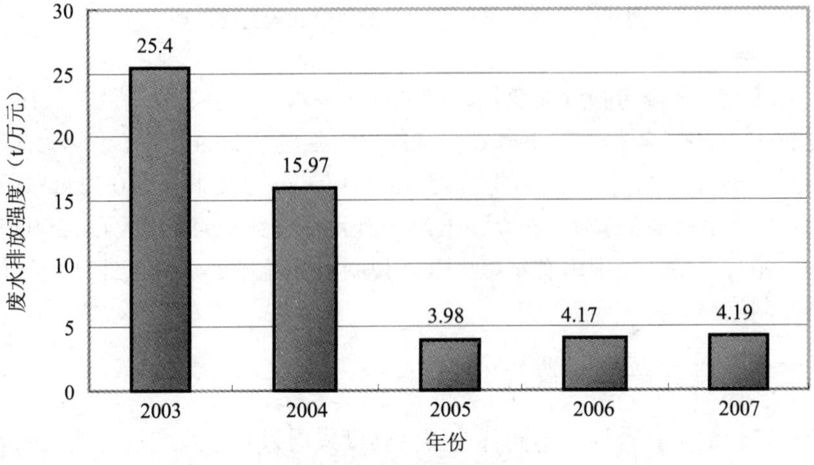

图 4-14 滇池流域工业废水排放强度比较变化趋势

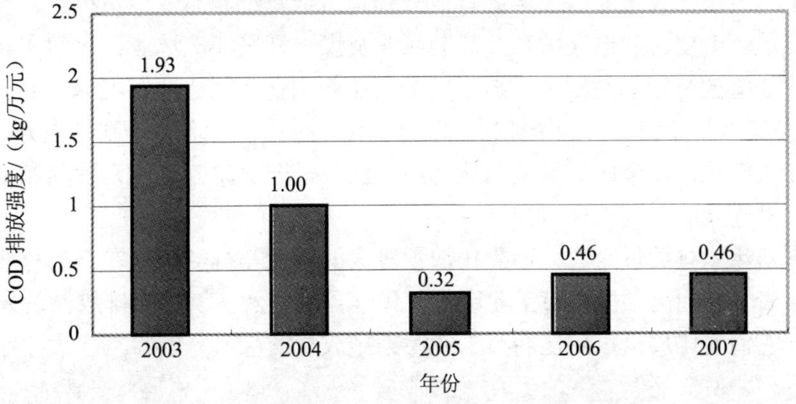

图 4-15 滇池流域 COD 排放强度比较变化趋势

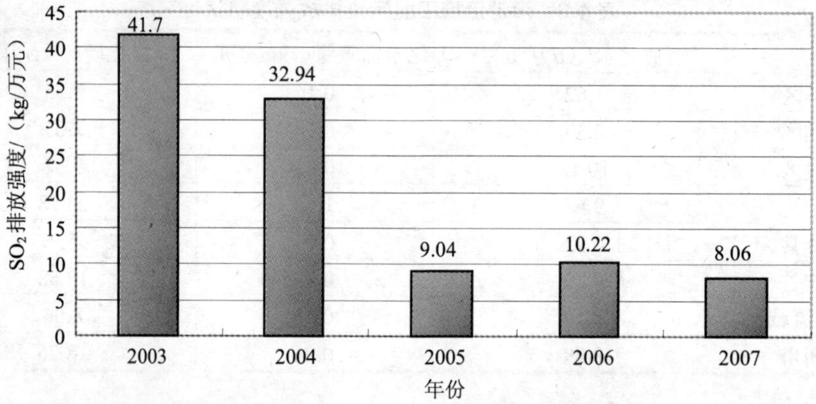

图 4-16 滇池流域 SO_2 排放强度比较变化趋势

从流域近年来排污强度的变化趋势来看，废水、化学需氧量及二氧化硫的排放强度 2003—2005 年呈大幅下降。废水的排放强度从 25.4 t/万元下降到 3.98 t/万元，下降了 5.4 倍；化学需氧量的排放强度从 1.93 kg/万元下降到 0.32 kg/万元，下降了 5 倍；二氧化硫的排放强度从 41.7 kg/万元下降到 9.04 kg/万元。2005—2007 年则保持相对平稳，稳中略有小幅上升。说明滇池流域近年来工业产业结构调整及污染控制已经取得了明显成效。

4.2.5 不同行业污染排放强度分析

鉴于资料的可获得性，不同行业排污强度采用万元工业产值排放量来表示。昆明市不同行业污染排放强度见表 4-7。

工业废水排放强度前 5 名的行业分别是造纸及纸制品业，纺织业，食品制造业，皮革、毛皮、羽毛（绒）及其制品业及煤炭开采和洗选业；化学需氧量排放强度前 5 名的分别是纺织业，造纸及纸制品业，食品制造业，皮革、毛皮、羽毛（绒）及其制品业和饮料制造业；二氧化硫排放强度前 5 名的分别是电力、热力的生产和供应业，非金属矿物制品业，纺织服装、鞋、帽制造业，食品制造业，非金属矿采选业。

但从污染排放量来看，污染排放量较大的行业与排放强度较高的行业并不太吻合，表 4-8 列出了昆明市工业废水、化学需氧量及二氧化硫排放量最大的 5 个行业，它们的排放量占到昆明市工业污染排放量的 75%～90%。

表 4-7 不同行业污染排放强度

行业	昆明市（2007 年）		
	工业废水排放强度/（t/万元）	COD 排放强度/（kg/万元）	SO_2 排放强度/（kg/万元）
电力、热力的生产和供应业	0.66	0.02	248.18
非金属矿物制品业	1.11	0.11	20.97
纺织服装、鞋、帽制造业	1.03	0.1	16.08
食品制造业	66.63	7.56	15.68
非金属矿采选业	0	0	15.41
造纸及纸制品业	181.15	12.56	14.62
木材加工及木、竹、藤、棕、草制品业	1.1	0.1	11.49
纺织业	147.57	16.88	11.06
化学原料及化学制品制造业	6.54	0.87	9.1
橡胶制品业	11.88	1.36	8.29
塑料制品业	0.03	0	8
燃气生产和供应业	11.43	0.77	5.9
石油加工、炼焦及核燃料加工业	0.59	0.05	5.11
黑色金属冶炼及压延加工业	9.95	0.91	5
印刷业和记录媒介的复制	0	0	4.16
有色金属冶炼及压延加工业	0.4	0.05	4.09
废弃资源和废旧材料回收加工业	0	0	1.36
金属制品业	1.91	0.04	1
饮料制造业	21.08	2.21	0.91
煤炭开采和洗选业	25.94	1.61	0.65
仪器仪表及文化、办公用机械制造业	12.49	0.8	0.56
农副食品加工业	5.22	0.59	0.42
烟草制品业	0.35	0.02	0.31
医药制造业	1.27	0.12	0.21
专用设备制造业	1.23	0.03	0.17
通用设备制造业	0.62	0.04	0.13
交通运输设备制造业	1.26	0.09	0.12
电气机械及器材制造业	0.21	0.02	0.1
皮革、毛皮、羽毛（绒）及其制品业	36.73	4.14	0
有色金属矿采选业	20.39	1.66	0
通信设备、计算机设备制造业	5.51	0.25	0

表 4-8 昆明市工业污染物排放量前 5 名的行业

废水排放量最多的行业	废水排放量/万 t	废水排放量占全市工业废水排放量的比例/%	COD 排放量最多的行业	COD 排放量/t	COD 排放量占全市工业 COD 排放量的比例/%	SO_2 排放量最高的行业	SO_2 排放量/t	SO_2 排放量占全市工业 SO_2 排放量的比例/%
黑色金属冶炼及压延加工业	1 844.57	39	黑色金属冶炼及压延加工业	1 684.32	37	电力、热力的生产和供应业	50 392.57	51
化学原料及化学制品制造业	716.32	15	化学原料及化学制品制造业	957.41	21	有色金属冶炼及压延加工业	16 013.19	16
造纸及纸制品业	603.06	13	造纸及纸制品业	418.27	9	化学原料及化学制品制造业	9 962.34	10
有色金属矿采选业	196.03	4	有色金属冶炼及压延加工业	210.89	5	黑色金属冶炼及压延加工业	9 271.36	9
有色金属冶炼及压延加工业	157.57	3	农副食品加工业	170.71	4	非金属矿物制品业	4 112.60	4
总计	3 517.54	74	—	3 441.59	76	—	89 752.06	90

表 4-9　昆明市开发区及工业园区排污强度分析

	综合类生态工业园区标准	高新开发区	经济开发区	滇池度假区	安宁工业园区	寻甸特色产业园区	呈贡工业园区	东川再就业特区	杨林工业园区	晋宁工业园区	宜良工业园区	富民工业集聚区	禄劝工业集聚区
单位工业增加值废水产生量/（t/万元）	≤8	1.2	2.31	—	64	15	5.8	4.8	9.6	1	324	2.55	8
单位工业增加值 COD 排放量/（kg/万元）	≤1	0.19	0.23	—	4.9	1.5	2.16	1.3	32.3	0.8	8.92	4.9	—
单位工业增加值 SO_2 排放量/（kg/万元）	≤1	0.06	0.35	—	34.6	1.5	0.32	23.8	—	0.9	45.2	33.3	1
单位面积废水排放量/（万 t/km^2）		16.01	6.45	—	186.60	10.99	2.24	59.20	1.97	1.14	529.31	5.53	7.49
单位面积 COD 排放量/（t/km^2）		25.35	6.42	—	142.87	10.99	8.34	160.33	66.45	9.14	145.72	106.23	—
单位面积 SO_2 排放量/（t/km^2）		8.00	9.78	—	1 008.81	10.99	1.24	2 935.33	—	10.29	738.42	721.94	9.37
单位工业增加值综合能耗/（t 标煤/万元）	≤0.5	0.89	0.26	—	7.99	0.7	14.6	2.39	12.1	0.35	17	—	0.5
单位工业增加值新鲜水耗/（m^3/万元）	≤9	1.35	10.7	—	105	32	28.2	9.9	111.6	8.3	383	25.5	8
工业用水重复利用率/%	≥75%	65	60	—	86.9	50	55	34.1	60	85	92.3	—	78
中水回用率/%	≥40%	—	—	—	0	60	55	0	30	50	0	—	—

注：“—”表示园区没有此项指标的统计数据，其中海口、石林及官渡工业园区无企业进驻，暂不做统计，单位面积排污量以建成面积计算。

4.2.6 昆明市工业园区排污强度分析

昆明市行政辖区内现有和规划建设的开发区及工业园区有15个，其中，国家级开发区3个，包括：昆明高新技术产业开发区、昆明经济技术开发区、昆明滇池国家旅游度假区；省级工业园区6个，包括：呈贡工业园区、安宁工业园区、杨林工业开发区、云南省东川再就业特区、寻甸特色产业园区、昆明海口工业园区；市级工业园区6个，包括：禄劝县崇德钛工业集聚区、富民县工业集聚区、晋宁县工业园区、昆明市宜良工业园区、石林县生态工业集中区、昆明市官渡工业园区。由于海口、石林及官渡工业园区无企业进驻，暂不做评价。

从表4-9来看，高新开发区、经济开发区、晋宁、禄劝工业园区的排污强度较低，基本达到了国家综合类生态工业园区的标准。排污强度较高的是宜良工业园区、杨林工业园区、安宁工业园区、富民工业园区和东川工业园区，以宜良工业园区的排污强度最高，其废水、COD及SO_2的排放强度分别是综合类生态工业园区标准的40倍、9倍及45倍。这从一个角度反映了这些园区进驻的多为污染较重的企业；从能耗、水耗等指标来看，也是宜良、安宁、杨林工业园区能耗、水耗较高。这在一定程度上反映了这些园区资源利用型主导产业设置多，高能耗、水耗企业比例相对较大，而且园区主导产业工业链构成简单，循环生产和清洁生产技术推广滞后，环保基础设施滞后，污水及废气处理率低。

4.3 昆明市经济增长与污染物排放相关性分析

4.3.1 行业结构与污染物排放关系分析

本研究通过对昆明市工业行业废水排放洛伦兹曲线、COD排放洛伦兹曲线、SO_2排放洛伦兹曲线的拐点分析，阐明昆明市行业结构与环境污染之间的关系。通过环境弹性系数研究昆明市国民经济发展与环境污染之间的关系，预测今后环境污染状况与国民经济的增长速度。

（1）废水排放量洛伦兹曲线分析

2007年全市工业废水排放量居前三位的行业分别是黑色金属冶炼及压延加工业、化学原料及化学制品制造业和造纸及纸制品业，废水排放量占全市总废水排放量的比例分别达到41.40%、16.08%和13.54%，三者合计比例占全市废水排放量的71.02%。废水排放量居前10位的行业见表4-10。

表 4-10 昆明市工业废水排放量前 10 名行业废水排放及工业增加值所占比例

排名	行业名称	废水排放量占总排放量的比例/%	工业增加值占总工业增加值的比例/%
1	黑色金属冶炼及压延加工业	41.40	7.16
2	化学原料及化学制品制造业	16.08	7.01
3	造纸及纸制品业	13.54	0.15
4	有色金属矿采选业	4.40	0.47
5	有色金属冶炼及压延加工业	3.54	10.50
6	农副食品加工业	3.38	1.16
7	食品制造业	2.87	0.33
8	医药制造业	2.41	5.49
9	饮料制造业	2.20	0.74
10	纺织业	2.05	0.10
	合计	91.87	—

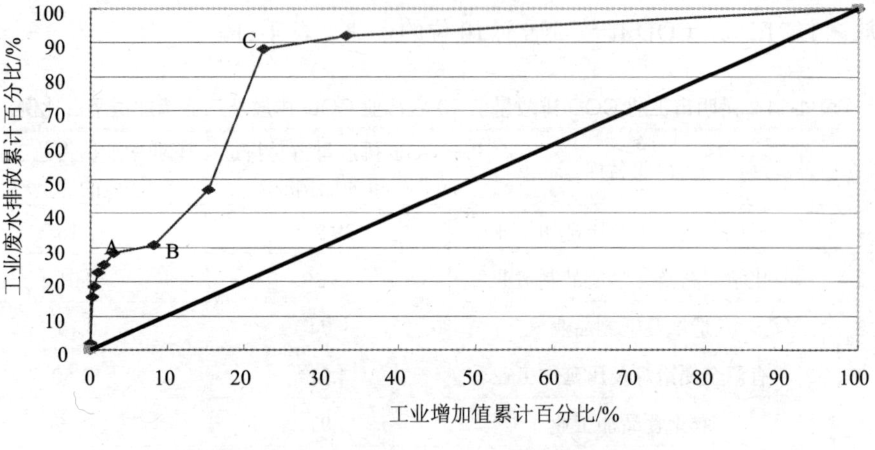

图 4-17 昆明市工业行业废水排放洛伦兹曲线

经过分析从图 4-17 可以看出全市工业行业废水排放情况与理想的各行业工业增加值的分配状态已发生了偏移，共产生了 3 个拐点，A 点以前的行业废水排放量的贡献率很大，而相应的工业增加值贡献率却很小，它们分别是纺织业、造纸及纸制品业、食品制造业、有色金属矿采选业、饮料制造业、农副食品加工业，特别突出的是造纸及纸制品业，其行业废水排放量的贡献率达 13.54%，而相应的工业增加值贡献率却只有 0.15%；A 点到 B 点是医药制造业，其行业废水排放量的贡献率不大，而相应的工业增加值稳步增长，工业增加值贡献率大于废水排放量的贡献率，有利于环境与经济协调发展；B 点到 C 点是化学原料及化学制品制造业和黑色金属冶炼及压延加工业，其工业增加值贡献率小于废水排放量的贡献率，其中黑色金属冶炼及压延加工业的废水排放量的贡献率居各行业之首，为 41.4%，工业增加值贡献率在整个行业中只占 7.16%；C 点以后的行业其废水排放量的贡献率小，而相应的工业增加值贡献率大。

昆明市的造纸及纸制品业、纺织业、食品制造业的废水排放量的贡献率很大，而相应的工业增加值贡献率却很小，属于高排放、低产出的行业，从经济贡献及环境的角度考虑应该限制这些行业的发展；而医药制造业、烟草制品业及废弃资源和废旧材料回收加工业，其工业增加值贡献率远大于废水排放量的贡献率，属于低排放、高效益的行业，应该鼓励发展。

（2）COD 排放洛伦兹曲线分析

2007 年全市工业行业 COD 排放量居前三位的行业分别是黑色金属冶炼及压延加工业、化学原料及化学制品制造业和造纸及纸制品业，COD 排放量占全市 COD 排放量的比例分别达到 39.2%、22.3% 和 9.7%，三者合计比例占全市 COD 排放量的 71.2%。COD 排放量居前 10 位的行业见表 4-11。

表 4-11　昆明市工业 COD 排放量前 10 名行业 COD 排放及工业增加值所占比例

排名	行业名称	COD 排放量占总排放量的比例/%	工业增加值占总工业增加值的比例/%
1	黑色金属冶炼及压延加工业	39.21	7.16
2	化学原料及化学制品制造业	22.29	7.01
3	造纸及纸制品业	9.74	0.15
4	有色金属冶炼及压延加工业	4.91	10.50
5	农副食品加工业	3.97	1.16
6	有色金属矿采选业	3.72	0.47
7	食品制造业	3.38	0.33
8	纺织业	2.43	0.10
9	医药制造业	2.42	5.49
10	饮料制造业	2.39	0.74

经过分析从图 4-18 可以看出全市工业行业 COD 排放情况与理想的各行业工业增加值的分配状态已发生了偏移，共产生了 3 个拐点，A 点以前的行业 COD 排放量的贡献率很大，而相应的工业增加值贡献率却很小，它们分别是纺织业、造纸及纸制品业、食品制造业、有色金属矿采选业、饮料制造业、农副食品加工业，特别突出的是造纸及纸制品业，其行业 COD 排放量的贡献率达 9.74%，而相应的工业增加值贡献率却只有 0.15%；A 点到 B 点是医药制造业，其行业 COD 排放量的贡献率不大，而相应的工业增加值稳步增长，工业增加值贡献率大于 COD 排放量的贡献率，有利于环境与经济协调发展；B 点到 C 点是化学原料及化学制品制造业和黑色金属冶炼及压延加工业，其工业增加值贡献率小于 COD 排放量的贡献率，其中黑色金属冶炼及压延加工业的 COD 排放量的贡献率排在各行业之首，为 39.2%，工业增加值贡献率在整个行业中只占 7.16%；C 点以后的行业其 COD 排放量的贡献率小，而相应的工业增加值贡献率大，其中有色金属冶炼及压延加工业的 COD 排放量的贡献率为 4.91%，工业增加值贡献率为 10.50%。

昆明市的纺织业、造纸及纸制品业和食品制造业的 COD 排放量的贡献率很大，而相应的工业增加值贡献率却很小，属于高 COD 排放强度行业。而医药制造业、烟草制品业及塑料制品业，其工业增加值贡献率远大于 COD 排放量的贡献率，属于低 COD 排放强度的工业行业。

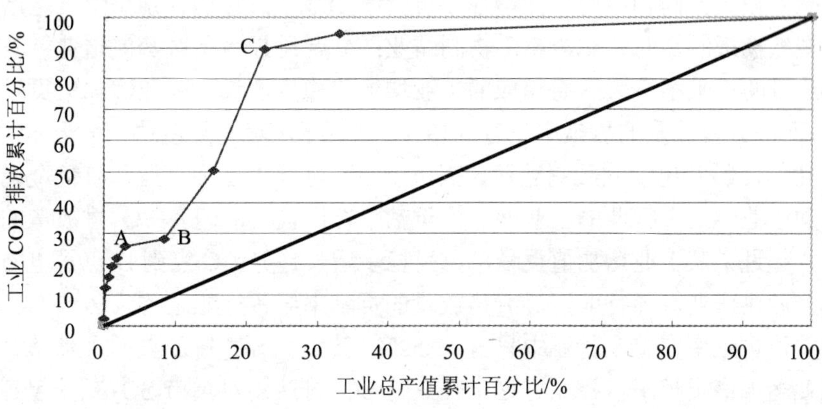

图 4-18 昆明市工业行业 COD 排放洛伦兹曲线

（3）SO_2 排放洛伦兹曲线分析

2007 年全市工业行业 SO_2 排放量居前三位的行业分别是电力、热力的生产和供应业，有色金属冶炼及压延加工业和化学原料及化学制品制造业，SO_2 排放量占全市 SO_2 排放量的比例分别达到 54.26%、17.24% 和 10.73%，三者合计比例占

全市 SO_2 排放量的 82.23%。SO_2 排放量居前 10 位的行业见表 4-12。

表 4-12 昆明市工业 SO_2 排放量前 10 名行业 SO_2 排放及工业增加值所占比例

排名	行业名称	SO_2 排放量占总排放量的比例/%	工业增加值占总工业增加值的比例%
1	电力、热力的生产和供应业	54.26	10.52
2	有色金属冶炼及压延加工业	17.24	10.50
3	化学原料及化学制品制造业	10.73	7.01
4	黑色金属冶炼及压延加工业	9.98	7.16
5	非金属矿物制品业	4.43	1.51
6	烟草制品业	0.76	34.35
7	造纸及纸制品业	0.52	0.15
8	燃气生产和供应业	0.50	0.14
9	食品制造业	0.32	0.33
10	医药制造业	0.19	5.49

经过分析从图 4-19 可以看出全市工业行业 SO_2 排放情况与理想的各行业工业增加值的分配状态已发生了偏移，共产生了 4 个拐点，A 点以前的行业 SO_2 排放量的贡献率很大，而相应的工业增加值贡献率却很小，它们分别是燃气生产和供应业、造纸及纸制品业、非金属矿物制品业；A 点到 B 点是医药制造业，其行业 SO_2 排放量的贡献率不大，而相应的工业增加值稳步增长，工业增加值贡献率为 5.49%，而 SO_2 排放量的贡献率只有 0.19%，有利于环境与经济协调发展；B 点到 C 点是化学原料及化学制品制造业、黑色金属冶炼及压延加工业和有色金属冶炼及压延加工业，三个行业的工业增加值贡献率都比较大，但其 SO_2 排放量的贡献率更大，超过了其工业增加值贡献率，呈稳步增长趋势；C 点到 D 点是电力、热力的生产和供应业，该行业的 SO_2 排放量的贡献率居各行业之首，达到 54.26%，工业增加值贡献率在整个行业中只占 10.52%，其工业 SO_2 排放量的贡献率大大超过了工业增加值贡献率，控制好这个行业的 SO_2 排放将对全市 SO_2 减排起到至关重要的作用；D 点以后的行业 SO_2 排放量的贡献率很小，而相应的工业增加值贡献率非常大，其中最为突出的是烟草制品业，其 SO_2 排放量的贡献率只有 0.76%，而工业增加值贡献率却达到 34.35%，对全市经济发展起到极大的拉动作用。

昆明市的电力、热力的生产和供应业，非金属矿物制品业及化学原料及化学制品制造业的 SO_2 排放量的贡献率很大，远大于其相应的工业增加值贡献率，属于高 SO_2 排放强度行业。而医药制造业及烟草制品业工业增加值贡献率远大于 SO_2

排放量的贡献率，属于低 SO_2 排放强度的工业行业。

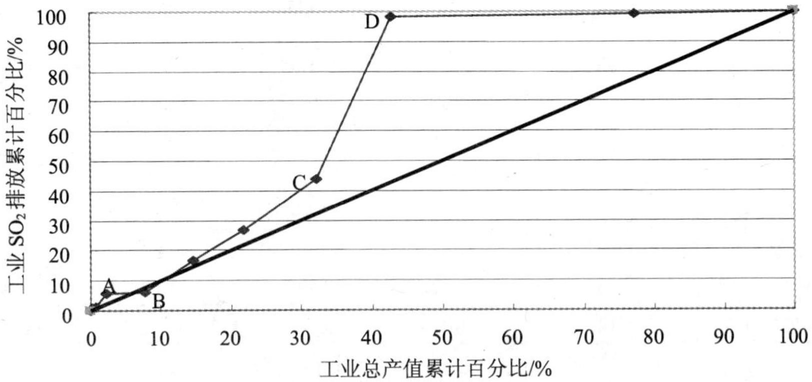

图 4-19　昆明市工业行业 SO_2 排放洛伦兹曲线

4.3.2 经济增长率与污染物排放增长率关系的分析

环境弹性系数是环境的污染增长速度（“三废”和其他一些污染）与国民经济增长速度（一般采用国内生产总值，即 GDP）之间比例关系的指标。公式表达：

环境弹性系数＝污染物产生或排放增长率÷GDP 增长率

环境弹性系数反映 GDP 每增长一个百分点，相应污染物产生或排放需要增长多少个百分点。环境弹性系数表现出 4 种形式：

① 环境弹性系数＞1 时，说明污染物（产生）排放增长率＞GDP 增长率；

② 环境弹性系数＝1 时，说明污染物（产生）排放增长率与 GDP 增长率持平；

③环境弹性系数＜1 时，说明污染物（产生）排放增长率＜GDP 增长率；

④环境弹性系数＜0 时，说明污染物（产生）排放增长率为负增长或 GDP 增长率为负增长。

我们基于昆明市 2002—2007 年环统数据，以及 2002—2007 年全市工业总产值数据，计算了昆明市 2003—2007 年的工业废水排放、工业废气排放、COD、SO_2、氨氮、烟尘、工业粉尘、工业固体废弃物的弹性系数（表 4-13）。

表 4-13 2003—2007 年昆明市环境弹性系数

项目＼年份	2003	2004	2005	2006	2007
工业废水	0.66	0.56	−1.04	0.43	−0.58
COD	−1.47	−0.80	−0.22	2.62	0.39
氨氮	−1.33	−2.48	0.30	0.91	1.57
工业废气	1.23	0.13	2.46	0.46	1.50
SO_2	1.15	−0.27	1.89	0.88	−0.32
烟尘	−1.37	−0.83	2.92	0.83	−0.26
工业粉尘	−2.63	−0.87	1.69	0.12	0.42
工业固体废弃物	0.48	1.00	1.71	1.91	2.19

（1）工业废水弹性系数

由表 4-13 可知：2003—2004 年工业废水弹性系数均小于 1，说明该期间工业废水排放增长率小于昆明市 GDP 增长率；2005 年工业废水弹性系数为负值，说明当年工业废水排放呈负增长；2006 年与 2003 年、2004 年相当，工业废水排放增长率小于昆明市 GDP 增长率；2007 年工业废水弹性系数也为负值，说明工业废水排放量比 2006 年又有回落趋势。

（2）COD 弹性系数

由表 4-13 可知：2003—2005 年工业 COD 排放弹性系数均为负值，说明该期间 COD 排放呈负增长，COD 排放量逐年减少；2006 年工业 COD 排放弹性系数大于 1，为 2.62，说明该年度 COD 排放量增长率远远地高于 GDP 增长率，COD 排放量急剧增大；2007 年，工业 COD 排放弹性系数小于 1，该年度工业 COD 排放增长率小于昆明市 GDP 增长率，说明工业 COD 排放比上一年已经得到有效控制。

（3）氨氮弹性系数

由表 4-13 可知：2003—2004 年工业氨氮排放弹性系数均为负值，说明该期间氨氮排放呈负增长，氨氮排放量逐年减少，2004 年工业氨氮排放弹性系数为 −2.48，表明该年的氨氮排放比上一年有大幅度的回落；2005—2006 年工业氨氮排放弹性系数小于 1，说明期间工业氨氮排放增长率小于昆明市 GDP 增长率，但工业氨氮排放量仍呈上升趋势；2007 年工业氨氮排放弹性系数大于 1，说明该年度工业氨氮排放增长率大于昆明市 GDP 增长率，工业氨氮排放量大幅度增加。

（4）工业废气弹性系数

由表 4-13 可知：2003 年工业废气弹性系数大于 1，说明该年度工业废气排放增长率大于昆明市 GDP 增长率；2004 年工业废气弹性系数小于 1，为 0.13，说明该年度工业废气排放增长率远小于昆明市 GDP 增长率，工业废气排放量基本与上年持平，只有小幅度增加；2005 年工业废气弹性系数大于 1，为 2.46，说明该年度工业废气排放增长率远大于昆明市 GDP 增长率，工业废气排放量大幅度增加；2006 年工业废气弹性系数小于 1，说明该年度工业废气排放增长率小于昆明市 GDP 增长率；2007 年工业废气弹性系数大于 1，说明该年度工业废气排放增长率大于昆明市 GDP 增长率。

（5）SO_2 弹性系数

由表 4-13 可知：2003 年工业 SO_2 排放弹性系数大于 1，说明该年度工业 SO_2 排放增长率大于昆明市 GDP 增长率；2004 年工业 SO_2 排放弹性系数为负值，说明该年度 SO_2 排放呈负增长，SO_2 排放量减少；2005 年工业 SO_2 排放弹性系数大于 1，说明该年度工业 SO_2 排放增长率大于昆明市 GDP 增长率；2006 年工业 SO_2 排放弹性系数小于 1，说明该年度工业 SO_2 排放增长率小于昆明市 GDP 增长率，但工业 SO_2 排放量仍然呈上升趋势；2007 年工业 SO_2 排放弹性系数为负值，说明该年度 SO_2 排放呈负增长，SO_2 排放量比上年有所回落。

（6）烟尘弹性系数

由表 4-13 可知：2003—2004 年烟尘排放弹性系数均为负值，说明该期间烟尘排放呈负增长，烟尘排放量逐年减少；2005 年烟尘排放弹性系数大于 1，为 2.92，说明该年度烟尘排放增长率远大于昆明市 GDP 增长率，烟尘排放量急剧增加；2006 年烟尘排放弹性系数小于 1，说明该年度烟尘排放增长率小于昆明市 GDP 增长率；2007 年烟尘排放弹性系数为负值，说明该年度烟尘排放呈负增长，排放量又有所回落。

（7）工业粉尘弹性系数

由表 4-13 可知：2003—2004 年工业粉尘排放弹性系数均为负值，说明该期间工业粉尘排放呈负增长，工业粉尘排放量逐年减少；2005 年工业粉尘排放弹性系数大于 1，说明该年度工业粉尘排放增长率大于昆明市 GDP 增长率；2006—2007 年工业粉尘排放弹性系数小于 1，说明该年度工业粉尘排放增长率小于昆明市 GDP 增长率，但工业粉尘排放量仍呈上升趋势。

（8）工业固体废弃物弹性系数

由表 4-13 可知：2003 年工业固体废弃物弹性系数小于 1，说明该年度工业固体废弃物产生量增长率小于昆明市 GDP 增长率；2004 年工业固体废弃物弹性系数等于 1，说明该年度工业固体废弃物产生量增长率等于昆明市 GDP 增长率；2005—2007 年工业固体废弃物弹性系数均大于 1，说明该年度工业固体废弃物产生量增长率大于昆明市 GDP 增长率。

（9）小结

环境弹性系数的变化与昆明市经济结构、技术装备、生产工艺、废弃物循环利用率、管理水平乃至人民生活等因素密切相关。当高污染的工业企业比重大时，污染物排放的增长速度就总是比国民生产总值的增长速度快；但随着产业结构的调整、科学技术的进步，排放的污染物减少及废弃物循环利用效率的提高，环境弹性系数也会随之而普遍下降。通过对昆明市2003—2007年的工业废水排放、工业废气排放、COD、SO_2、氨氮、烟尘、工业粉尘、工业固体废弃物的弹性系数的分析发现，各类污染物排放呈起伏状，但总体呈上升趋势，2005年以后污染物排放增长率大多大于昆明市GDP增长率，说明昆明市污染物排放还没有得到有效控制，工业增长仍然延续高污染、高排放的粗放型增长模式。需要通过产业结构调整，改进工业技术装备、生产工艺和提高废弃物循环利用率等措施来降低污染物的排放。

5 昆明市环境承载力评价

5.1 环境承载力的概念及内涵

环境承载力（Environmental Carrying Capacity）是环境科学研究的一个重要范畴，它是衡量环境质量状况和环境容量受人类生产生活活动干扰能力的一个重要指标。

关于环境承载力的基本概念，目前学术界尚未达成普遍共识，归纳起来主要有以下几种：第一种定义是指环境对污染物的容纳能力，也即通常所说的环境容量，该种定义将环境容量与环境承载力等同，可视为狭义的环境承载力概念。第二种定义是指在某一时期、某种环境状态下，某一区域环境对人类社会经济活动支持能力的阈值，这一概念中的环境泛指过大，一般而言缺乏可操作性。本研究探讨的环境承载力主要为第一种定义所指的范畴。

环境承载力这一概念的提出，其思想前提是环境的“资源观”和 “价值观”。环境承载力是某一特定区间或区域的环境生态系统的客观属性，是其承受外部扰动的能力，也是系统结构与功能优劣的反映。环境承载力具有自己的独有特点：

（1）环境承载力决定了环境资源的有限性。环境资源可分为耗竭性资源和非耗竭性资源。耗竭性资源又称有限资源，是指具有一定开发利用限度的资源，又有可更新资源和不可更新资源之分，可更新资源必须有一定的更新周期；非耗竭性资源又称为无限资源，包括恒定资源与亚恒定资源，其中后者应当合理开发利用，并防止在开发过程中造成污染和破坏。与人类生活与劳动密切相关的常用环境资源主要是耗竭性资源，这些环境资源的有限性是由环境承载力的环境资源固有属性所决定的。

（2）环境承载力决定了经济发展的有限性。环境资源的开发利用是人类社会存在并发展的必然物质决定因素，伴随着科技的发展，环境资源的开发利用速度加快，导致环境问题频繁发生，最终会导致环境资源耗尽的“悲剧”结果。因而，20 世纪 70 年代国际社会确立了“可持续发展”原则，该原则强调经济发展的可持续性、经济发展与环境保护同步进行。

（3）环境承载力决定了经济发展的速度。环境承载力可以通过人类依靠科学技术对地区经济发展规模、速度、能源利用等进行分析、研究，做出具体的量化评估，为政府决策和进行宏观调控提供科学依据。

5.2 环境承载力研究及应用概况

承载力的概念最早来自于生态学。1921 年，帕克和伯吉斯在人类生态学领域中首次应用了生态承载力的概念，即“在某一特定环境条件下（主要指生存空间、营养物质、阳光等生态因子的组合），某种个体存在数量的最高极限”。20 世纪六七十年代，随着自然资源耗竭和环境恶化等全球性问题的日益严重，资源承载力（如水、土地和关键矿产等）、环境承载力及相关命题研究广泛开展，其中尤以罗马俱乐部成员 Meadows 等人所著的《增长的极限》为杰出代表，其强调资源的限制作用。80 年代后期，随着可持续发展概念和思想的提出，承载力的研究从单资源研究发展到更宏观的复合巨系统综合性研究，从自然—经济—社会复合巨系统层面探讨资源与环境承载力同人口、经济发展相协调的问题。

环境承载力这一概念在我国的应用主要从 20 世纪 90 年代开始。1991 年，北京大学完成的《我国沿海新经济开发区环境的综合研究——福建省湄洲湾开发区环境规划综合研究总报告》提出了国内最早的、较严格的“环境承载力”概念，即“在某一时期、某种环境状态或条件下，某地区的环境所能承受的人类活动的阈值”。1995 年，刘殿生[9]以秦皇岛市为例，探讨了城市资源与环境综合承载力的基本概念及计算方法，他认为一个城市的资源与环境综合承载力可由一系列相互制约又相互对应的发展变量和制约变量构成，主要有自然资源变量、社会条件变量、环境资源变量等。他采用专家咨询法针对 5 个要素：大气、水质、生物、水资源、土地资源分别选取了发展变量和制约变量组成发展变量集和制约变量集，然后将发展变量集的单要素与相对应的制约变量集中的单要素相比较，得到单要素环境承载力，再将各要素进行加权平均，即得到资源与环境综合承载力值。1996 年，王民良[10]以 SO_2 为代表污染物，对上海市的大气污染源进行归类，应用大气扩散模型，计算出在不同环境质量目标下全市范围大气污染物的环境承载能力。1998 年，崔凤军[11]采用系统研究方法，选择了 8 个变量指标构建了水环境承载力，利用系统动力学模拟手段进行了实证研究，并利用水环境承载力指数变化对拟定的调整策略变量作出了预测、优化。1999 年，马光等进行了城市规划中应用环境容量模型的研究，他们探讨了将城市规划学与环境生态学和社会经济学相结合进行综合研究的新方法，提出了城市规划中应用环境容量模型的初步设想，并以环境容量的研究方法更新当今城市规划学只注重形态研究的传统方法，为建立城市发展的科学理论体系开创了一条新的途径。2004 年，郑国强[12]等研究了长江下游沿江地区区域环境承载力对土地利用变化的响应，他们对区域环境承载力的变化及其影响因素进行了研究。通过分析长江下游沿江地区土地利用动态变化趋势，构建了区域环境承载力指标体系和模型，并对长江下游沿江部分地区近年区域环境承载力的变化趋势及土地利用变化对区域环境承载力的影响进行了探讨。2005年，毛汉英、余丹林[13]指出环境承载力概念中所提到的“某种环境状态”是指“环境系统的结构不向明显不利于人类生存的方向转变”，同样从主客体两方面体现了“平衡范围”的概念。2006 年，王辉等建立与分析了城市旅游环境承载力的经济学模型，从经济学理论利润最大化原则出发，利用边际收益与边际成本的关系结合模糊数学制定隶属函数，建立城市旅游环境承载力状态评估模型，为城市旅游业的发展提供理论依据。

随着研究的深入、环境定量技术的开发和信息技术的运用，系统动力学（SD）所具有的对环境承载力系统进行动态的定量化计算的优点，遥感技术（RS）所具有的快速、准确的数据采集能力，地理信息系统（GIS）技术所具有的对环境承载力进行空间分析的功能，使得环境承载力定量化研究更加深入。

在云南省范围内开展城市环境承载力的研究尽管比国内发达地区稍晚一些，但还是有了一定的进展。国家“七五”课题——“滇池污染物与环境容量研究”就滇池的环境容量做过相关研究。2003 年华中科技大学余春祥[14]根据 1992—1997 年的相关调查和统计数据对云南省环境容量与资源承载力进行了分析，结果表明云南省环境容量形势严峻，特别是自然生态环境和地面水环境。造成云南省环境容量指数不断下降的主要原因是粗放式经营，特别是经济领域“高投入、低效益和高消费、低产出”的生产方式。云南省环境容量问题已成为可持续发展的主要限制因子，是制约可持续发展的主要矛盾和问题。2004 年昆明市环境科学研究所与清华大学合作开展了“滇池流域资源与环境承载力研究”，结果表明滇池流域生态容量低于全国水平，但生态足迹高于全国水平，生态赤字大，必须通过改变生产、资源消费方式才能保证持续发展。2005 年云南大学亚洲国际河流中心对云南省 1988—2003 年的生态足迹动态进行计算分析，结论分析表明云南省自 20 世纪 80 年代末出现的生态赤字快速增长，人口与环境间的矛盾不断扩大、加剧，目前云南省经济发展与资源利用正处于不可持续状态。2005—2007 年，云南大学资源环境与地球科学学院完成的《昆明城市发展资源环境承载力要素研究报告》，对昆明城市资源环境承载力进行了综合分析，研究结论表明昆明市水环境已经严重超载，主要大气污染物排放量接近大气环境容量。同年，昆明市国土资源局、北京师范大学资源学院《昆明市协调土地利用与生态环境建设研究》，从粮食、资源、生态、环境等方面评估昆明市的人口承载力，研究表明，无论从粮食安全、水资源安全的角度出发，还是考虑区域生态环境，昆明市均存在明显的人口超载现象。对昆明市人口容量构成约束的首先是环境质量，其次是水资源阈值，而粮食安全和生态安全也限制了昆明市人口的进一步扩张。这些研究的完成都为云南省内有关方面进一步开展城市环境承载力的研究提供了较好的借鉴。

5.3 昆明市环境承载力的现状评估

昆明市水污染严重，大气污染呈上升趋势，主要污染物排放量总体呈上升趋势，工业化的加速发展给节能减排带来巨大压力，昆明市要实现跨越式发展面临着越来越严重的水、气环境容量的约束，环境承载力的形势十分严峻。

基于昆明市的现实及环境管理的需要，本研究从水环境容量及大气容量入手，重点分析评价了昆明市水环境及大气环境承载力的现状及其分布，并从生态足迹的角度分析评价了昆明市的生态承载力的状态。

5.3.1 水环境承载力分析与评价

水环境承载力是指在维持水体环境系统结构和系统功能不发生根本性、不可逆转的质态改变的条件下，水体对社会经济系统的承载能力，通常用于衡量水体功能与社会经济发展之间的一致性。当进入水体的水污染物超出环境容量极限，则地表水体处于超载状态，反之则认为地表水体可以承载当前的社会经济活动。

考虑到昆明市域内大部分地表水体现状水质已经严重超标，超标倍数较多的指标为总氮、化学需氧量、总磷，见表 5-1，其中化学需氧量为国家总量控制指标；本次评价采用定性和定量两种方法进行评价，以国家总量控制目标化学需氧量为控制指标来计算水环境容量，同时结合昆明市目前的水环境质量现状及污染物排放现状对水环境承载力进行进一步的分析论证。

表 5-1 昆明市主要水体的水质类别及超标倍数最高的指标

测点名称	所在地	水体名称	功能类别	水质类别	化学需氧量超标倍数	超标倍数最高的指标
黑龙宫	嵩明	冷水河	Ⅱ类	Ⅱ类	达标	—
湖管站	宜良	汤池河	Ⅳ类	Ⅲ类	达标	—
蒙姑右	东川	金沙江	Ⅲ类	Ⅲ类	达标	—
蒙姑中	东川	金沙江	Ⅲ类	Ⅲ类	达标	—
蒙姑左	东川	金沙江	Ⅲ类	Ⅲ类	达标	—

测点名称	所在地	水体名称	功能类别	水质类别	化学需氧量超标倍数	超标倍数最高的指标
白邑乡桥	嵩明	冷水河	Ⅱ类	Ⅳ类	达标	—
小河桥	嵩明	牧羊河	Ⅱ类	Ⅳ类	0.02	—
七星桥	寻甸	牛栏江	Ⅲ类	Ⅴ类	0.07	油（1.30）
柴石滩	宜良	南盘江	Ⅳ类	劣Ⅴ类	达标	总氮（1.47）
干海子水文站	官渡	宝象河	Ⅲ类	劣Ⅴ类	达标	总氮（1.70）
狗街	宜良	南盘江	Ⅳ类	劣Ⅴ类	达标	砷（1.98）
官渡桥	官渡	对龙河	Ⅲ类	Ⅴ类	达标	油（1.44）
河口（象鼻山吊桥）	寻甸	牛栏江	Ⅲ类	Ⅴ类	达标	总磷（0.74）
黑龙潭	呈贡	洛龙河	Ⅲ类	劣Ⅴ类	达标	总氮（1.61）
禄丰村	宜良	南盘江	Ⅳ类	劣Ⅴ类	达标	总氮（1.48）
洛龙河入湖口（江尾村）	呈贡	洛龙河	Ⅲ类	劣Ⅴ类	达标	总氮（2.27）
七星河	寻甸	七星河	Ⅱ类	劣Ⅴ类	达标	总氮（8.99）
青龙宫	嵩明	冷水河	Ⅱ类	Ⅲ类	达标	铅（0.70）
胜利河口（土罗村湿地入口）	呈贡	胜利河	Ⅲ类	劣Ⅴ类	达标	总氮（4.65）
四级站	东川	小江	Ⅳ类	劣Ⅴ类	达标	总氮（2.32）
松华坝口	盘龙	盘龙江	Ⅲ类	Ⅳ类	达标	总氮（0.03）
通仙桥	安宁	鸣矣河	Ⅲ类	Ⅴ类	达标	总磷（0.77）
乌龙坝龙潭	官渡、嵩明	对龙河	Ⅲ类	Ⅴ类	达标	总氮（0.69）
崔家庄	嵩明	牛栏江	Ⅲ类	Ⅳ类	0.10	总氮（0.26）
大河入湖口（小石嘴）	晋宁	大河	Ⅲ类	劣Ⅴ类	1.98	总磷（2.16）
东大河入湖口（石嘴）	晋宁	东大河	Ⅲ类	Ⅳ类	0.38	化学需氧量(0.38)
富民大桥	富民	螳螂川	Ⅴ类	劣Ⅴ类	0.57	总磷（6.15）
古城河入湖口（马渔滩）	晋宁	古城河	Ⅲ类	劣Ⅴ类	1.60	化学需氧量（1.6）
河湾闸	嵩明	果马河	Ⅲ类	劣Ⅴ类	1.52	生化需氧量(3.44)
河尾桥（海埂公园东泵站）	官渡	采莲河	Ⅲ类	劣Ⅴ类	1.66	总氮（11.88）
昆阳码头	晋宁	城河	Ⅲ类	劣Ⅴ类	1.64	总氮（6.28）
普渡河桥	禄劝	普渡河	Ⅳ类	劣Ⅴ类	0.78	总氮（2.37）
王家堆渠入湖口	西山	王家堆渠	Ⅳ类	劣Ⅴ类	1.51	总氮（8.01）
小人桥	官渡	盘龙江	Ⅲ类	劣Ⅴ类	1.18	总氮（9.99）
严家村桥	官渡	盘龙江	Ⅲ类	劣Ⅴ类	1.40	总氮（11.21）
照西桥	呈贡	马料河	Ⅲ类	劣Ⅴ类	1.12	总氮（18.59）
中卫村红山	呈贡	南冲河	Ⅲ类	劣Ⅴ类	0.50	总氮（7.50）
金太塘	官渡	金家河	Ⅲ类	劣Ⅴ类	2.47	总氮（13.04）

测点名称	所在地	水体名称	功能类别	水质类别	化学需氧量超标倍数	超标倍数最高的指标
茨巷河入湖口（牛恋乡）	晋宁	茨巷河	Ⅲ类	劣Ⅴ类	2.64	总氮（17.19）
平桥村	西山	西坝河	Ⅳ类	劣Ⅴ类	3.06	总氮（15.07）
温泉大桥	安宁	螳螂川	Ⅴ类	劣Ⅴ类	3.41	总氮（6.09）
六甲乡新二村	官渡	小清河	Ⅲ类	劣Ⅴ类	3.51	总氮（15.71）
柴河入湖口	晋宁	柴河	Ⅲ类	劣Ⅴ类	4.09	总氮（5.00）
红卫兵桥（一检站）	西山	船房河	Ⅳ类	劣Ⅴ类	5.04	总氮（16.56）
龙马村	官渡	老宝象河	Ⅲ类	劣Ⅴ类	8.16	总氮（6.22）
五甲塘	官渡	虾坝河	Ⅲ类	劣Ⅴ类	8.25	总氮（6.97）
回龙村	呈贡	马料河	Ⅲ类	劣Ⅴ类	8.27	总氮（6.70）
明波村	西山	乌龙河	Ⅳ类	劣Ⅴ类	9.29	总氮（23.28）
曹家村	官渡	五甲宝象河	Ⅲ类	劣Ⅴ类	9.40	化学需氧量（9.4）
东张村	官渡	六甲宝象河	Ⅲ类	劣Ⅴ类	11.73	总氮（10.38）
海河桥	官渡	海河	Ⅲ类	劣Ⅴ类	12.41	总氮（27.73）

5.3.1.1 水环境容量的计算

水环境容量是基于对流域水文特征、排污方式、污染物迁移转化规律进行科学分析的基础上，结合环境管理需求确定的管理控制目标。水环境容量既反映流域的自然属性（河道形态、水文特征），同时反映人类对环境的需求（水质目标），水环境容量将随着水环境条件的变化和人们对环境需求的提高而不断发生变化。

水环境承载力的计算主要与以下三个概念密切相关[15]：第一个是理想水环境容量，是结合区域的环境质量要求，通过水质模拟测算的值；第二个是最大允许入河量，是扣除面源入河量之后的点源允许入河量；第三个是点源最大允许排放量，是由最大允许入河量通过入河系数折算的陆上点源最大允许的排放量。它们之间的相互关系见图 5-1。

图 5-1　水环境容量相关指标关系图

（1）计算方法

目前的水质数学模型有零维模型、一维模型、二维模型等，对每个水环境功能区，可根据其空间形态、水文、水质特征选择合适的水环境容量计算模型。本次研究选择环境保护部环境规划院设计的全国地表水环境容量测算水质模型进行容量计算。[16]

该模型为河流一维水质模型，即：

$$C = C_0 \cdot e^{-Kx/86\ 400u} \tag{5-1}$$

式中：u——河流断面平均流速，m/s；

x——沿程距离，km；

K——综合降解系数，1/d；

C——沿程污染物的质量浓度，mg/L；

C_0——前一个节点后污染物的质量浓度，mg/L。

主要容量计算过程如下：

① 河道概化

河流一维水质模型由河段和节点两部分组成，节点指河流上排污口、取水口、干支流汇合口等造成河道流量发生突变的点，水量与污染物在节点前后满足物质平衡规律（忽略混合过程中物质变化的化学和生物影响）。河段指河流被节点分成的若干段，每个河段内污染物的自净规律符合一阶反应规律。

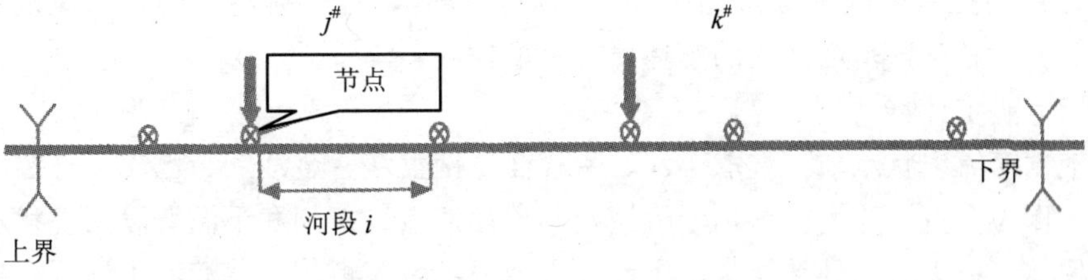

图 5-2 河流一维模型概化示意图

如图 5-2 所示，假定功能区内有 i 个节点，则将河流分成 $i+1$ 个河段。在节点处，要利用节点均匀混合模型进行节点前后的物质守恒分析，确定节点后的河段流量和污染物质量浓度。节点后的河段要以节点平衡后的流量和污染物质量浓度为初始条件，按照一维降解规律计算到下一个节点前的污染物质量浓度。

② 节点平衡

考虑干流、支流、取水口、排污口均在同一节点的最复杂情况，水量平衡方程为：

$$Q_{干流混合后}=Q_{干流混合前}+Q_{支流}+Q_{排污口}-Q_{取水口} \tag{5-2}$$

忽略混合过程的不均匀性，污染物平衡方程为：

$$C_{干流混合后}=\frac{C_{干流混合前}\cdot Q_{干流混合前}+C_{支流}\cdot Q_{支流}+C_{排污口}\cdot Q_{排污口}+C_{取水口}\cdot Q_{取水口}}{Q_{干流混合前}+Q_{支流}+Q_{排污口}-Q_{取水口}} \tag{5-3}$$

③ 容量计算

将节点浓度计算公式$C=C_i+\dfrac{W_i/31.54}{Q_i+Q_j}$代入方程，得到一维模型水环境容量的计算公式为：

$$W_i=31.54(C\cdot e^{Kx/86.4u}-C_i)(Q_i+Q_j) \tag{5-4}$$

式中：W_i——第 i 个排污口的允许排放量，t/a；

C_i——河段第 i 个节点处的水质本底质量浓度，mg/L；

Q_i——河道第 i 个节点后流量，m^3/s；

Q_j——第 i 节点处废水入河量，m^3/s；

u——第 i 个河段的设计流速，m/s；

x——计算点到第 i 节点的距离，m。

若以下界处作为水功能区考核的控制断面，计算结果显示控制断面超过功能区划水质标准要求时，就要通过削减每一个排污口的排污量来重新计算，反复试算，当控制断面的模拟结果满足水质标准时，各个排污口的排污量之和，即 $W=\sum W_i$ 就是该功能区内的水环境容量值。

（2）确定计算河段

根据河流现状水质，选取小江、牛栏江、南盘江、金沙江、巴江、普拉河和掌鸠河作为容量计算河流。由于滇池及其出湖河流螳螂川和下游普渡河现状水质严重超标，已无任何环境容量，因此，入滇河流及螳螂川、普渡河不进行容量计算。对水库、没有径流量的河流、饮用水水源一级保护区和自然保护区内的河流、水环境容量无法利用的河流未进行容量测算。

按县级行政区域划分计算单元，计算单元长度一般小于 50 km。各计算河段详见表 5-2。

表 5-2　计算河段

水系名称	河流名称	计算单元编号	起始断面	终点断面	目标水质
金沙江水系	小江	1#	清水海出口	寻甸东川界	Ⅲ
	小江	2#	寻甸东川界	东川城前（小荞地）	Ⅲ
	小江	3#	东川城前（小荞地）	绿茂杉木界	Ⅳ
	小江	4#	绿茂杉木界	四级电站	Ⅳ
	小江	5#	四级电站	东川出境	Ⅲ
	牛栏江	1#	源头	嵩明寻甸界	Ⅲ
	牛栏江	2#	嵩明寻甸界	七星桥	Ⅲ
	牛栏江	3#	七星桥	寻甸县出境	Ⅲ
	掌鸠河	1#	云龙水库出口	五一电站	Ⅲ
	掌鸠河	2#	五一电站	入普渡河口	Ⅳ
珠江水系	南盘江	1#	南盘江入境	柴石滩	Ⅲ
	南盘江	2#	柴石滩	北古城	Ⅳ
	南盘江	3#	北古城	狗街大桥	Ⅳ
	南盘江	4#	狗街大桥	狗街竹山界	Ⅲ
	南盘江	5#	狗街竹山界	宜良县出境	Ⅲ
	巴江	1#	团结水库出水	东山桥	Ⅲ
	巴江	2#	东山桥	黄家庄	Ⅲ
	巴江	3#	黄家庄	入南盘江口（禄丰村）	Ⅲ
	普拉河	1#	石林入境	石林出境	Ⅲ

（3）确定计算参数

① 降解系数

全国进行地表水容量测算时，对 COD 的降解系数有过规定，根据《云南省地表水容量测算技术报告》，降解系数的选取采取如下原则：一般河流 COD 降解系数按水质的优（相当于水质为Ⅱ～Ⅲ）、中（相当于水质为Ⅲ～Ⅳ）、劣（相当于水质为Ⅴ类以下）取值分别为 0.18～0.25/d、0.10～0.18/d、0.05～0.10/d，COD 降解系数一般不宜大于 0.2/d。

云南省内也有一些研究成果。云南省在国家“九五”科技攻关专题——“珠江（云南段）南盘江流域水环境管理对策研究”课题中，曾对珠江（云南段）南盘江沾益桥、曲靖沿江桥和陆良西桥分别取样，通过室内试验分析 COD 的降解系数，结果显示 COD 降解系数在 0.034～0.064/d。

综合分析上述成果，结合河流现状水质，确定本次降解系数，见表 5-3。

表 5-3 降解系数选取表

计算河流	COD_{Cr}/d
小江	0.15
牛栏江	0.15
掌鸠河	0.1
南盘江	0.1
巴江	0.1
普拉河	0.1

② 水文参数

为使河流水环境容量更具有保证性，采用偏保守方式，选取十年最枯月平均流量作为设计流量，各计算河段的水文参数见表 5-4。

表 5-4 各计算河段的水文参数

河流名称	计算单元编号	设计流量/（m^3/s）	设计流速/（m/s）
小江	1#	2	0.1
小江	2#	4.5	0.176
小江	3#	6.1	0.15
小江	4#	7.12	0.16
小江	5#	7.12	0.16
牛栏江	1#	5.81	0.23
牛栏江	2#	8.77	0.3
牛栏江	3#	9.16	0.32
掌鸠河	1#	0.98	0.1
掌鸠河	2#	1.11	0.1
南盘江	1#	5	0.1
南盘江	2#	7.5	0.12
南盘江	3#	9	0.17
南盘江	4#	10.5	0.22
南盘江	5#	11.7	0.3
巴江	1#	1	0.1
巴江	2#	1.5	0.2
巴江	3#	3.22	0.37
普拉河	1#	0.76	0.1

③ 上游来水水质

原则上采用各河流 1#计算单元的上游现状监测数据作为上游来水水质，若无现状监测数据时，则采用目标水质作为上游来水水质。

各河流下游其他计算单元，则采用目标水质作为各计算单元的上游来水水质。

④ 控制断面及目标水质

各计算单元控制断面主要设置在计算单元重点断面，该段计算单元上已有的常规监测断面（市控、省控、国控）也作为控制断面。

各控制断面控制水质与河流目标水质一致。

⑤ 取水情况

原则上只考虑大型工业、生活取水口，忽略河流沿途少量农业取水对河流流量的影响。

⑥ 排污口设置

原则上依托各计算单元上现有排污口，若计算单元沿途无排污口，则虚拟设置排污口。

（4）理想水容量计算结果

根据容量计算模型及上述计算参数，计算各河流和各区县的理想水环境容量，结果见表 5-5、表 5-6。

表 5-5 各河流理想水环境容量

河流名称	COD/（t/a）
小江（寻甸县段）	1 252
小江（东川区段）	3 669
牛栏江（嵩明县段）	1 297
牛栏江（寻甸县段）	1 921
掌鸠河（禄劝县段）	1 079
南盘江（宜良县段）	6 062
巴江（石林县段）	1 561
普拉河（石林县段）	465
合计	17 306

表 5-6 各区县理想水环境容量

区县名称	COD 理想水环境容量/（t/a）
禄劝	1 079
嵩明	1 297
寻甸	3 173
东川	3 669
宜良	6 062
石林	2 026

由于滇池流域及其下游螳螂川、普渡河等河流水质严重超标，其所控制的区县已无水环境容量，在此不做计算。

（5）现状排污分析

入河污染源主要分为两大类：一是点源，主要包括沿途城镇居民生活污染源和工业污染源；另一种是非点源（面源），主要包括农村居民生活污染源、农田径流污染、非规模化畜禽养殖污染。分别针对各类污染源分析如下。

① 城镇居民生活污染

根据统计资料，此次水环境容量分析涉及的区县城镇居民生活污染排放量见表 5-7。

表 5-7 城镇居民生活污染排放量

区县名称	城镇生活污水排放量/（万 t/a）	COD 排放量/（t/a）
禄劝	111.215 5	606.63
嵩明	139.722	762.12
寻甸	138.919	2 607
东川	296.307	1 616.22
宜良	271.012 5	1 239.86
石林	105.594 5	575.97

考虑到城镇距离入河有一定距离，沿途衰减使污染物入河量有所降低，城镇居民生活污染源入河系数取 0.9，城镇居民生活污染源入河量见表 5-8。

表 5-8 城镇居民生活污染源入河量

区县名称	COD 入河量/（t/a）
禄劝	545.97
嵩明	685.91
寻甸	2 346.3
东川	1 454.60
宜良	1 115.87
石林	518.37

②工业污染源

根据环境统计资料，涉及的各区县工业污染排放量见表 5-9。

表 5-9 各区县工业污染排放量

区县名称	工业废水排放量/万 t	COD 排放量/（t/a）
禄劝	1.98	0.52
嵩明	122.23	114.91
寻甸	22.97	17.11
东川	246.59	213.96
宜良	424.32	318.22
石林	11.58	6.45

考虑到工业企业分布分散、与入河口之间有一定距离和沿途衰减作用，工业污染源入河系数取 0.9，工业污染入河量见表 5-10。

表 5-10 各区县工业污染入河量

区县名称	COD 入河量/（t/a）
禄劝	0.47
嵩明	103.42
寻甸	15.40
东川	192.56
宜良	286.40
石林	5.81

③ 农村居民生活污染

根据农村居民人口数，按一定的排污系数取值，计算农村居民生活污染入河量。根据《云南省地表水容量测算技术报告》，农村居民生活污染系数为 COD：40 g/（人·d）。本次研究选择此系数进行计算，考虑沿途农村分布十分分散，入河系数取 0.1，结果见表 5-11。

表 5-11 农村居民生活污染入河量

区县名称	农村人口数/人	COD 入河量/（t/a）
禄劝	429 805	627.52
嵩明	319 359	466.26
寻甸	484 878	707.92
东川	234 988	343.08
宜良	364 858	532.69
石林	203 549	297.18

④ 农田径流污染

根据《云南省地表水容量测算技术报告》，标准农田径流污染系数为 COD：0.5～1.0 kg/（a·亩）。本次研究取 COD 0.75 kg/（a·亩）进行计算，入河系数取 0.1，结果见表 5-12。

表 5-12　农田径流污染入河量

区县名称	农田面积/hm^2	COD 入河量/（t/a）
禄劝	24 519	27.58
嵩明	20 188.1	22.71
寻甸	33 236.1	37.39
东川	12 956.9	14.58
宜良	18 597	20.92
石林	16 463.6	18.52

⑤ 非规模化畜禽养殖污染

根据《云南省地表水容量测算技术报告》，养殖产污量为 COD：50 g/（头猪·d）。本次研究选择此系数进行计算，入河系数取 0.01，结果见表 5-13。

表 5-13　畜禽养殖污染入河量

区县名称	养殖数折标猪/头	COD 入河量/（t/a）
禄劝	1 595 919	291.26
嵩明	797 249.7	145.5
寻甸	2 234 249	407.75
东川	667 602.3	121.84
宜良	1 184 585	216.19
石林	755 335	137.85

⑥ 入河污染量汇总

将点源和非点源污染入河量全部汇总，得出各区县现状 COD 入河量，见表 5-14。

表 5-14 各区县现状 COD 入河量 单位：t/a

区县	城镇生活 COD 入河量	工业 COD 入河量	农村生活 COD 入河量	农田径流 COD 入河量	畜禽养殖 COD 入河量	现状 COD 入河量
禄劝	545.97	0.47	627.52	27.58	291.26	1 492.8
嵩明	685.91	103.42	466.26	22.71	145.5	1 423.8
寻甸	2 346.3	15.40	707.92	37.39	407.75	3 514.76
东川	1 454.60	192.56	343.08	14.58	121.84	2 126.66
宜良	1 115.87	286.40	532.69	20.92	216.19	2 172.07
石林	518.37	5.81	297.18	18.52	137.85	977.73

（6）剩余环境容量及允许排放量计算结果

针对各区县河流理想水环境容量的计算结果，结合现状排污情况，计算剩余环境容量比例，结果见表 5-15。

表 5-15 水环境承载力状态评价结果

区县名称	理想水环境容量/（t/a）	现状 COD 入河量/（t/a）	剩余环境容量/（t/a）	点源的最大允许排放量/（t/a）	剩余环境容量比例/%
禄劝	1 079	1 492.8	−413.8	147.3778	—
嵩明	1 297	1 423.8	−126.8	736.1444	—
寻甸	3 173	3 514.76	−341.76	2 244.378	—
东川	3 669	2 126.66	1 542.34	3 543.889	42.04
宜良	6 062	2 172.07	3 889.93	5 880.222	64.17
石林	2 026	977.73	1 048.27	1 747.167	51.74
合计	17 306	11 707.82	—	13 019.04	—

5.3.1.2 水环境承载力总体评价

根据容量测算的结果，昆明市点源的最大允许排放量只有 13 019 t/a（以化学需氧量计），但昆明市目前化学需氧量的排放量已经达到 31 385 t/a，远远超过其容量，说明进入水体的污染物排放量高于环境的承载力，水环境已处于危机状态。根据容量计算结果和各县区环境现状，结合环境管理的需要，将环境承载力状态划为五个级别：

Ⅰ级。水环境承载力状态较好，区域内主要河流的水环境监测指标全部达标，化学需氧量的剩余环境容量比例≥50%；

Ⅱ级。水环境承载力状态一般，区域内主要的水环境监测指标基本达标，化学需氧量的剩余环境容量比例为 30%～50%；

Ⅲ级。水环境承载力已处于警戒状态，进入水体的化学需氧量接近或等于环境容量；

Ⅳ级。水环境承载力处于超载状态，水环境污染较重，区域内主要河流化学需氧量和其他指标的超标倍数≤2；

Ⅴ级。水环境承载力处于严重超载状态，水环境污染非常严重，区域内化学需氧量及其他指标的超标倍数大多＞2。

根据环境容量的计算结果及环境质量现状，各区县化学需氧量水环境承载力评价结果见表 5-16 及彩图 5-1。

表 5-16　昆明市各县区化学需氧量水环境承载力等级

环境承载力等级	县　市
Ⅱ类	东川、石林
Ⅳ类	宜良、禄劝、富民、呈贡、嵩明、寻甸
Ⅴ类	主城区、安宁、滇池流域

从评价结果看，除东川、石林外，昆明市绝大多数区县的水环境均处于超载状态；从各河流水质监测结果分析，除化学需氧量外（最高超标倍数为 12.4 倍），水质超标倍数最多的指标为总氮、总磷，其中总氮的最高超标倍数为 27.7 倍、总磷的最高超标倍数为 6.2 倍，说明这些污染物的水环境容量也处于严重超载的状态，反映出昆明市水环境污染的严重性、复杂性及治理的艰巨性。

5.3.1.3 滇池流域水环境承载力评价

滇池流域作为一个封闭程度较高、生态环境脆弱、水资源短缺的生态系统，其环境容量是非常有限的。滇池自 20 世纪 70 年代后期水质就逐渐恶化，1988 年草海水质总体已为劣Ⅴ类、外海水质为Ⅴ类，已经处于超载状态。虽然多年来采取了一系列措施，遏制了滇池水质急剧恶化的趋势，但每年还是有大量的污染物继续排入滇池，长期以来的超负荷运转致使滇池流域水环境容量处于严重透支状态。

2004 年昆明市环境科学研究所与清华大学所做的“滇池流域资源与环境承载力研究”采用生态足迹模型计算了昆明市以及滇池流域的生态承载力，其结论是：滇池流域人均生态承载力为 0.34 hm^2，远远低于昆明市（0.53 hm^2）、云南省（0.905 hm^2）及全国（0.89 hm^2，1996 年），更大大低于美国（5.6 hm^2）及世界的平均值(2.18 hm^2)。滇池流域人均生态足迹 2.36 hm^2，人均生态承载力为 0.34 hm^2，人均生态赤字为 2.06 hm^2，高于昆明市和云南省，滇池流域的生态赤字超过生态承载力的5倍。

滇池流域的经济活动已经大大超过了其环境承载能力，并且随着城市化进程、人口增加和经济总量的增长，滇池流域面临的环境压力将进一步增大，经济发展与环境承载力的矛盾还将进一步加剧。

5.3.1.4 水环境承载力分布特征分析

（1）流域分布特征

在昆明市境内的河流中化学需氧量承载力最大的是南盘江流域，其次为小江，容量占全市的比例分别为35%和28%。环境承载力超载最严重的是滇池流域。

（2）区域分布特征

如图5-1所示，昆明市水环境承载状况呈明显的片状分布特点。北部及东南片区水环境承载负荷较轻，滇池流域周边及下游地区的环境承载负荷较重，水环境处于危机状态。在所有区县中，宜良的水环境的化学需氧量承载力最大，其次为东川和石林，中心城区及安宁的承载力状况最为严重，属于严重超载状态。

总体说来，水资源短缺、经济发展快、工业和人口集中的区域水环境容量承载压力较重，水环境严重超载；水资源相对丰富、经济欠发达的区域水环境容量承载负荷较小，水环境承载状态相对较好；但富民、禄劝、寻甸由于地处螳螂川及牛栏江下游，受上游污染影响，进入这些区域的水质已经严重超标，因此虽然这些县区本身污染物排放量不大，但境内已无环境容量。

5.3.1.5 影响水环境承载力的主要因素

（1）水资源短缺，水体自净能力低

昆明市水资源严重短缺，人均水资源拥有量少。多年平均地表水资源量为42.7亿m^3，占云南省的1.92%。2007年人均水资源量约为1 056 m^3/人，只有全省平均水平的21.14%，远低于1 700 m^3/人的国际用水紧张警戒线，缺水问题十分突出。最为严重的是滇池流域，流域内多年水资源量只有5.4亿m^3，人均水资源量由20世纪50年代的900 m^3下降到目前的165 m^3，仅为世界的1/40、我国的1/10、云南省的1/25，远低于严重缺水的京津唐地区（人均水资源量为260~337 m^3）和以色列（只有260 m^3），人均水资源量与全国和云南省相比均属于极度贫乏地区。

由于水资源短缺，水体稀释自净能力低；同时水资源短缺还造成生态用水不足，使河流、湖泊的自净能力大为降低。为维系和改善区域水环境，必须预留一部分水量作为生态环境用水，有关研究表明：为维持生态平衡需要约占流域多年平均径流量30%的水作为生态环境用水，目前在水资源极其短缺的现实条件下，已经不可能提供水源作为滇池生态环境用水，只有靠滇池回归水的重复利用才能基本实现水资源的供需平衡。这一方面导致滇池水资源过度开发利用，另一方面滇池回归水的重复利用导致进入滇池水体的污染物浓度加大，加重了滇池的污染。

据《滇池水污染综合防治调研报告》资料，20 世纪 80 年代以来，滇池流域供水总量均超过多年平均水资源量。2005 年流域供水总量为 8.13 亿 m^3，水资源的开发程度已高达 151%，大大超过了流域水资源的承载能力。

（2）社会经济的快速发展造成污染物的排放量居高不下，环境承载负荷过重

改革开放以来，昆明市社会经济发展迅速，尤其是 90 年代后，昆明市城市化及工业化进入了高速发展时期，人口由 1990 年的 427 万人增加到 2007 年的 619 万人，其中城镇人口由 148 万人增加到 2007 年的 319 万人，建成区面积扩大了近 3 倍。短短十多年，城镇人口增加了一倍多，GDP 增长了 12 倍。在城市化及工业化快速发展的同时，污染物的排放量也大幅攀升，而由于环境保护力度及环境基础设施建设严重滞后于城市社会经济高速发展的需要，大量的污水及其污染物排入水体，导致水环境承载负荷过重，城市水环境质量日益恶化。见图 5-3。

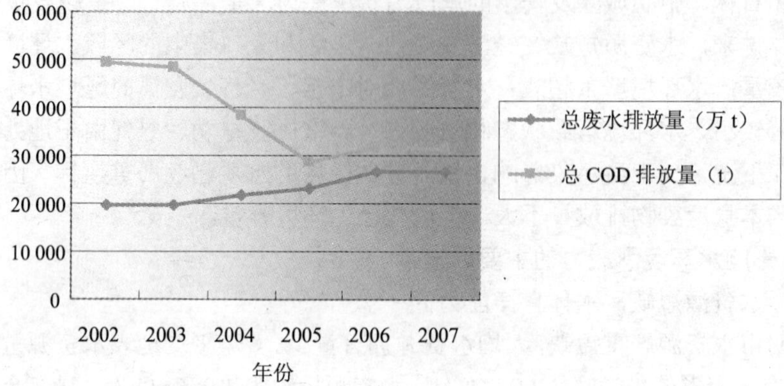

图 5-3　昆明市近年来污水及 COD 排放量变化趋势

尽管昆明市近十年来在以滇池为主的水污染防治工作中投入强度不断加大，对控制全市的水污染尤其是滇池水环境的进一步恶化起到了一定作用：全市化学需氧量的排放量有了大幅削减，由 2002 年的 4.9 万 t 下降到 2007 年的 3.1 万 t，总的排放量下降了 37%，工业废水的排放量也是稳中有降，工业水污染排放强度呈递减趋势。但全市的废水排放量一直呈上升趋势，并且自 2005 年后工业及生活化学需氧量的排放量又有所增加。这说明工业及城市发展对环境的压力依然沉重，城市发展与环境承载力之间的矛盾仍在加剧。见图 5-4、图 5-5 和图 5-6。

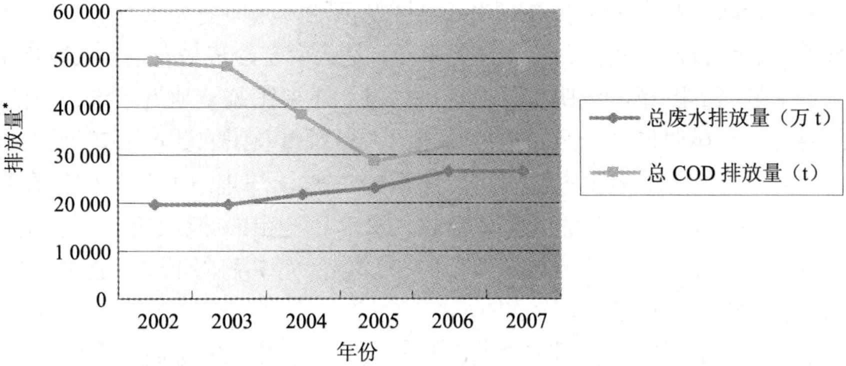

* 单位见图例。

图 5-4　昆明市近年来废水及 COD 排放量变化趋势

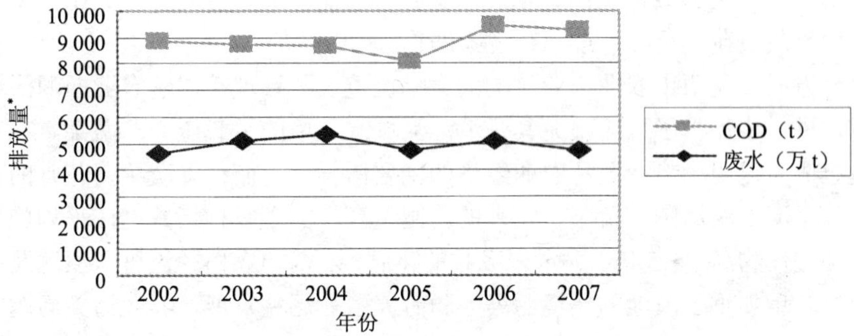

* 单位见图例。

图 5-5　昆明市工业废水及 COD 排放量变化趋势

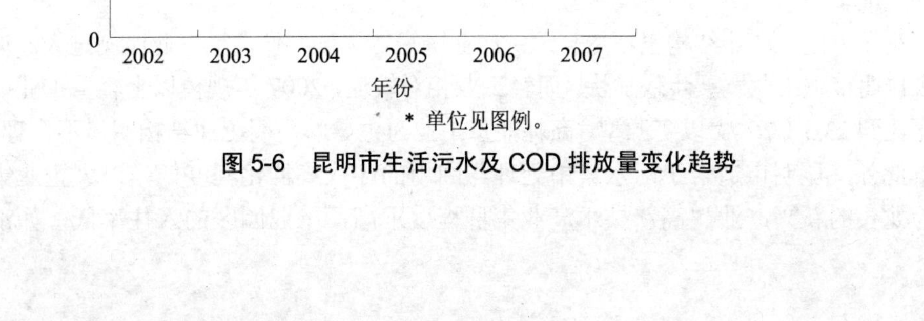

* 单位见图例。

图 5-6　昆明市生活污水及 COD 排放量变化趋势

（3）不合理的社会经济布局对中心城区及滇池流域环境造成巨大压力

滇池流域是云南省政治、经济文化中心，是云南省经济最发达、人口最集中、城市化水平最高的区域。昆明市社会经济的发展主要围绕滇池流域进行，滇池流域又主要集中在昆明市主城区。滇池流域的人口数量及工农业产值在全市占有绝对优势。滇池流域土地面积占昆明市总面积的 7.2%，却集中了全市 62%的人口、87%的城镇人口和全市 73%的大中型企业，GDP 占全市的 80%。其中主城区人口又占流域人口的 77.6%、流域城镇人口的 93.4%，大中型企业数占流域企业总数的 83.6%，GDP 占流域的 90.2%。

长期以来，滇池就是昆明市主城区唯一的纳污水体，一方面，大量生活污水及工业废水排入滇池及其出入湖河流，对流域环境承载力造成巨大压力，远远超过流域的环境承载能力，导致滇池流域水质的急剧恶化。中心城区功能过分集中，致使昆明市工业化、城市化加速发展与资源环境需求的矛盾均十分突出，主城区资源环境承载负荷过重，环境超载现象严重。

另一方面，昆明市农业产业结构的大幅调整及不合理布局使农业面源污染日益严重，进一步加重了昆明市尤其是滇池流域水环境的承载压力。蔬菜、花卉和畜牧业已成为昆明优势产业和农业经济的主要增长点。而很多蔬菜、花卉的种植基地就位于滇池湖周围，蔬菜、花卉的施肥量高，加之复种指数高，平均施用量要比水稻等作物高 3～5 倍。大量未吸收的化肥、农药随农田径流进入滇池及周围水体，进一步加重了滇池的环境污染。随着养殖业迅猛发展，养殖污染问题也日趋突出，而不少的养殖场就布局在水体附近，成为水体污染的又一重要因素。

（4）粗放的经济增长方式加重了城市环境承载力

一方面，昆明市产业发展的总体水平不高，目前尚未走出高投入、高排放、低效益的粗放型增长模式。传统工业比重高，信息产业、光电子产业、生物医药等新兴产业发展落后，传统冶金、化工、能源等产业的工艺和技术指标水平落后。据《滇池水污染综合防治调研报告》，滇池流域企业设备达到先进水平以上的仅占 12%，处于国内一般水平的达 70%，还有 18%的设备为功能落后水平。产品中精深加工产品、高新技术产品和清洁型产品少，初级产品多，万元产值废水排放量大的产品多。

另一方面，产业结构也不尽合理，产业链短，集群度低，重工业比例过大。近年来昆明市重工业发展步伐加快，而轻工业相对较慢，2007 年规模以上轻重工业产值比达到 23.3∶76.7，以资源型、高耗能重工业为主导的昆明工业结构明显不合理。

此外，昆明市适合于污水集中处理与回用的产业集群化程度低，以大企业集团为龙头的新兴产业、高新技术产业集群程度不高，工业园区的入住率低，如滇池流域内纳入环境统计的工业企业，只有14家加入工业园区，入住率仅为7.7%。而且园区规划建设水平偏低，环境基础设施建设滞后。

在滇池流域还存在着数量巨大的小企业、小作坊，据初步估算有3万多个。这些小作坊工艺落后，设备简单，基本上没有污染治理设施，除进入城市管网的废水外，其他的全部直接或间接排入滇池，也增加了滇池的压力。

粗放式的经济增长方式不仅造成资源的巨大浪费，还大量消耗和占用水环境容量，削弱了城市水环境对产业发展的支撑能力，加剧了环境与发展之间的矛盾。

（5）城市环境基础设施难以支撑城市的可持续发展

在昆明城市社会经济高速发展的同时，环保基础设施建设却严重滞后。2002年，昆明主城区建成区面积180 km^2，污水管网覆盖面积仅为126.7 km^2，覆盖率仅为70.39%，其中还有合流制区域45.8 km^2。片区污水收集率仅为63.8%。

2007年昆明市已建成的污水处理厂有10座，除昆明市主城区以外，其余10个县级城市中仅有晋宁县、呈贡县、宜良县阳宗海、安宁市建成污水处理厂。各县区城镇生活污水多为直接排放。已建成的晋宁县、呈贡县污水处理厂，由于管网配套和运行管理机制等原因，大量污水未能截入污水处理厂，未能达到设计处理能力。而且由于治理投资不足、管理工作滞后，城市污水收集与处理不配套。污水处理厂配套管网建设滞后；管网建设中对分支管与干管、干管与主干管的连接重视不足；部分区域污水处理能力不足。由于管网不配套及处理能力不足，城市污水处理厂处理效率降低。

5.3.1.6 小结

昆明市水环境容量总体处于超载状态，除东川、石林外，其他区域水环境容量均处于超载状态，其中以滇池流域的超载最为严重。造成昆明市水环境容量超载的主要因素是水资源短缺、污染物排放量居高不下、环境承载负荷过重、社会经济布局不合理及经济增长方式粗放等。

5.3.2 大气环境承载力的评价

昆明市环境空气质量总体状况良好，除个别县区外，大部分区域空气均达到国家年均值二级标准的要求。个别区县超标的项目主要是二氧化硫，而且从近年来空气污染物的变化趋势看，二氧化硫整体处于一个较高的水平。二氧化硫又是国家总量控制指标，基于此，本研究以二氧化硫为控制指标来分析评价昆明大气环境承载力。

5.3.2.1 相关概念

大气环境容量，是指在满足一定环境质量要求的前提下，某个区域所能允许的大气污染物的最大排放量。

大气环境容量是一种特殊的环境资源，它与其他自然资源在使用上存在明显的差异，处于同一大气环境状态下的群体中的个体不可能选择它是否享用这种资源。目前，对大气环境承载能力的研究多局限于大气环境对污染物的消纳能力。首先，大气环境容量与污染物排放的总量控制及地方标准等有密切的关系，环境质量越高，承载量就越小；其次，大气环境容量取决于该区域大气污染物排放条件及排放源位置和高度，排放源越高，承载量越大；大气环境承载力还与当地气象条件有关，气象条件有利时承载量大，反之则小。

5.3.2.2 计算方法

A-P 值法为国家标准《制定大气污染物排放标准的技术方法》（GB/T 3840—91）提出的总量控制区排放总量限值计算公式；根据计算出的排放量限值及大气环境质量现状本底情况，确定该区域可允许的排放量。

A 值法的计算公式如下：

$$Q=\sum_{i=1}^{n}A(C_{si}-C_{c})\frac{S_i}{\sqrt{S}} \tag{5-5}$$

式中：Q ——城区范围内某种污染物年允许排放总量限值，也是城区的理想大气容量，10^4t/a；

A ——地理区域性总量控制系数，10^4km^2/a；

S ——城区控制区域总面积，km^2；

S_i——城市第 i 个分区面积，km^2；

C_{si}——第 i 个区域某种污染物的年平均质量浓度限值，mg/m^3；

C_c——城区控制区的本底质量浓度，mg/m^3。

在用 A 值法计算城市（区）理想环境容量时，首先是对容量控制系数 A 值的确定。按照环境规划院推荐的 A 值法确定原则，根据保证率为 90%的要求，本报告中 A 值取值为 2.94，计算方法如下：

$$A=A_{低值}+(A_{高值}-A_{低值})\times 0.1=2.8+(4.2-2.8)\times 0.1=2.94$$

5.3.2.3 控制区的确定

本研究的控制区分为主城区控制区和城市控制区两个范围，主城区包括五华、盘龙、西山、官渡四区，面积为 2 240.31 km^2；城市控制区包括昆明市全市范围内 14 个区县的行政区域，共计面积 21 011.27 km^2。主城区大气功能分区依据《昆明市环境空气质量功能区划调整技术报告》（2005）进行划分；城市控制区的功能区划根据《环境空气质量功能区划分原则与技术方法》（HJ 14—1996），将整个昆明城市控制区划分为三类大气环境功能区：一类区包括各县（区）的自然保护区、国家森林公园、水源保护地、风景名胜区等；三类区包括安宁工业区，面积为 82.45 km^2，其余为二类区。见表 5-17。

表 5-17 昆明市大气环境功能分区

	主城区/km^2	昆明市/km^2
一类区	31	1 802.41
二类区	2 209.31	19 126.41
三类区	0	82.45
合计	2 240.31	21 011.27

5.3.2.4 各功能区环境质量标准

各功能区环境质量标准值见表 5-18。

表 5-18 各功能区环境质量标准值

项目	SO_2 质量浓度/（mg/m^3）	
	日平均	年平均
一类区	0.05	0.02
二类区	0.15	0.06
三类区	0.25	0.10

5.3.2.5 城市及城区控制区本底浓度

区域本底浓度即背景浓度，是指未受城市污染源影响的来流空气背景浓度。背景值的确定主要从监测点在空间地域上的代表性和监测方法的一致性、可比性两方面考虑。根据昆明市空气质量监测的实际情况，本研究决定以昆明市西山森林公园空气质量作为主城区大气环境容量测算的背景值，以《环境空气质量标准》（GB 3095—1996）中一级标准的 50%作为昆明市大气环境容量测算的背景值。本研究所取的昆明市主城控制区和城市控制区污染物本底浓度见表 5-19。

表 5-19 本底浓度的取值

类 型	SO_2 质量浓度/（mg/m^3）
主城控制区	0.036
城市控制区	0.01

5.3.2.6 昆明市理想大气环境容量核算结果

昆明市 SO_2 理想大气环境容量计算结果见表 5-20。

表 5-20 昆明 SO_2 理想大气环境容量

	理想环境容量/（t/a）	现状排放量/（t/a）	总量控制值/（t/a）
昆明市	199 130	105 115	89 000
主城区	32 630	23 945	21 938

从大气环境容量的计算结果看，2007 年昆明市及主城区二氧化硫的排放量均在理想容量值范围内，说明昆明市大气还有一定的承载空间，但两者的排放量均超过了国家规定的总量控制值，说明要加大二氧化硫的污染防治力度才能实现总量控制目标。从主城区的情况看，可利用容量非常有限。目前主城区建成区二氧化硫的监测值已经超过标准，二氧化硫所剩容量大多分布在山区及农村地区，对城市未来发展支撑能力有限。

5.3.2.7 大气环境承载力的评价

从昆明市大气环境质量现状及计算的容量情况判断，昆明市大气环境尚有一定的容量，但已超过总量控制值。根据各个县市大气环境质量现状，尤其是二氧化硫的污染现状，将昆明市大气环境承载力的区域分为三类。

Ⅰ类区：二氧化硫浓度≤《环境空气质量标准》（GB 3095—1996）一级标准的区域，表明区域大气环境状况良好，具有较大的二氧化硫容量空间；

Ⅱ类区：二氧化硫浓度≤《环境空气质量标准》（GB 3095—1996）二级标准的区域，表明区域大气环境状况较好，现有二氧化硫的排放量在其承载力的范围内；

Ⅲ类区：二氧化硫浓度＞《环境空气质量标准》（GB 3095—1996）二级标准的区域，表明该区域大气环境质量较差，局部区域二氧化硫排放量接近或超过环境容量。

昆明市大气环境承载力各类区的划分见表 5-21 及彩图 5-2。

表 5-21 昆明市大气环境承载力分区

	区域	二氧化硫	空气质量级别	超标项目	SO_2 超标倍数
Ⅰ类区	呈贡县	0.002	二	—	—
	晋宁县	0.011	二	—	—
	富民县	0.008	一	—	—

	区域	二氧化硫	空气质量级别	超标项目	SO_2超标倍数
I 类区	禄劝县	0.009	二	—	—
	石林县	0.020	一	—	—
	寻甸县	0.009	二	—	—
II类区	嵩明县	0.033	二	—	—
III类区	宜良县	0.069	三	二氧化硫	0.15
	东川区	0.067	三	可吸入颗粒物、二氧化硫	0.12
	主城区	0.068	三	二氧化硫	0.13
	安宁市	0.087	三	二氧化硫	0.45
一级标准	—	0.02	—	—	—
二级标准	—	0.06	—	—	—
三级标准	—	0.10	—	—	—

5.3.2.8 影响大气环境承载力的主要因素

（1）自然因素

昆明地区是以山地为主的高原山地地貌地形，北靠乌蒙山、梁王山，东临滇东高原，西为横断山脉。由于城区地处滇池断陷盆地、三面环山，故存在形成局地污染的不利条件，与平原地区相比，其大气环境敏感性高，环境承载能力相对较低。

在气候方面，昆明昼夜温差大，属于容易产生辐射逆温的城市，全年出现逆温 92 天，其中冬季出现频率 88.4%、夏季 12.1%。出现逆温时，上层空气比下层空气温度高，污染物无法向空中扩散，容易造成重污染天气。

（2）经济增长方式粗放，能耗水平较高

昆明市产业发展的总体水平不高，目前尚未走出高投入、高排放、低效益的粗放型增长模式。特别是 2004 年以来，冶金、钢铁、化工业的迅猛发展使它们成为产业发展的亮点，同时也造成了二氧化硫污染的不断加重。昆明市二氧化硫的排放量自 2005 年起呈现上升趋势，与近年来昆明市重化工业的快速发展有密切关系。据统计 5 个对昆明市工业增加值贡献最大的行业中，除烟草外，其余的如电力、热力的生产和供应业，有色金属冶炼及压延加工业，黑色金属冶炼及压延加工业，化学原料及化学制品制造业都属于高 SO_2 排放、高耗能的资源型产业。昆明市二氧化硫排放量最多的 5 个行业分别是电力、有色金属冶炼及压延加工业、化学原料及化学制品制造业、黑色金属冶炼及压延加工业、非金属矿物制品业，它们的排放量占工业二氧化硫排放总量的 96.6%，由此可见重化工业的发展对昆明市大气环境承载力的影响之大。

总体来说，昆明市万元GDP能耗、万元工业增加值能耗及万元GDP电耗虽然均低于云南省及全国的平均水平，但考虑到昆明市工业增加值中烟草制品业的产业比例非常大（2007年达到34.35%），而其相应的能源消耗量只占总能源消耗量的 0.50%，如果除去烟草制品业，昆明市的万元工业增加值能耗将达到 5.22 t标煤/万元，远大于全国及全省平均水平。

（3）能源结构不合理，重点污染企业二氧化硫排放问题严重

二氧化硫主要来源于燃煤和工艺废气排放，由于经济发展迅猛，近几年燃料煤消费量一直呈上升趋势（图5-8），空气中二氧化硫污染不断加重。据统计，全市能源消费总量中，煤炭所占比重为70.2%，能源消费仍然以煤为主。2007年，昆明市规模以上工业企业能源消费总量为 1 519.05 万 t 标准煤，比 2006 年增长10.0%，其中原煤消费量1 076.3万t，比上年增加19.38%，燃料煤平均硫分由2006年的0.82%增加为2007年的0.87%。因此，原煤使用量的增加、燃料煤平均硫分的增加及以燃煤为主的能源消费结构增加了大气污染的压力，也成为影响昆明市大气环境承载力的重要因素。

根据昆明市环境统计资料，昆明市21家重点企业二氧化硫的排放量占到全市排放量的81.4%，见表5-22，这些废气排放大户大多为化工及冶金行业，加强这些污染企业的治理是控制昆明市二氧化硫排放量的有效途径。

表5-22 2007年昆明市21家重点工业废气排放企业统计表

序号	企业名称	SO_2排放量/kg	烟尘排放量/kg	粉尘排放量/kg
1	国电阳宗海发电有限公司	42 999 000	484 900	
2	昆明钢铁集团有限责任公司	7 200 000	386 858	2 805 376
3	云南铝业股份有限公司	7 305 992	367 834	147 459
4	云南铜业股份有限公司	5 625 000	88 380	401 840
5	中国华电集团公司云南昆明发电厂	4 074 080	801 000	
6	云南华电昆明发电有限公司	3 241 000	548 000	
7	云南云天化国际化工股份有限公司三环分公司	2 580 410	1 826	65 116
8	昆明焦化制气厂	468 476	2 085 245	35 720
9	云南南磷集团寻甸磷电有限公司	1 149 669	314 276	6 905
10	云南铜业凯通有色金属有限公司	1 286 227		34 452
11	昆明市复兴水泥有限公司	78 560	25 760	1 856 000
12	云南云天化国际化工股份有限公司富瑞分公司	692 795	15 340	356 815
13	云南国资水泥昆明有限公司	637 511		380 072

序号	企业名称	SO_2排放量/kg	烟尘排放量/kg	粉尘排放量/kg
14	昆明马龙化工有限公司	490 300	438 181	96 994
15	云南弘祥化工有限公司	631 097	77 976	45 168
16	云南昆阳磷肥厂有限公司	620 000	34 254	7 026
17	昆明金水铜冶炼有限公司	629 907		3 024
18	云南国资水泥东骏有限公司	131 370	62 760	738 630
19	昆明钢铁控股有限公司凉亭轧钢厂	369 988	295 987	
20	云南国资水泥海口有限公司	241 120	514 680	14 960
21	云南南磷集团电化有限公司	380 382	119 000	29 286
	重点企业合计	92 868 133	11 828 464	8 477 572
	全市合计	99 308 410	13 297 530	9 228 040

（4）工业及城市布局不合理加重了整个市区的大气污染

昆明市整体布局存在缺陷：二氧化硫排放源较为集中且较靠近城区，这对区域环境空气质量造成很大影响。由于三面环山，城区周围的地势就像一个口袋，加之常年多受来自印度洋西南暖湿气流的影响，西南方向就成了整个市区的进风口，而对大气污染较为严重的工业大部分都布局在滇池周围，使得污染物在风力作用下灌入城区，加重了城区的大气污染。

局地大气环流加重了城区与郊区的循环污染。受热力差异的影响，城区和郊区形成一个范围较小的局地环流，称为城市风。昆明城区附近的郊区（局地环流以内），分布着较多的耗能工业，大气污染物在城市风的作用下，使得城区与郊区发生交叉污染，减缓了污染物的扩散速度，进而影响昆明市大气环境质量。

受城市经济能力及基础设施建设状况的影响，昆明市的规划建设相对密集，中心四个城区的建设密度远远高于周边区域，高层建筑的过密建设，减缓了空气流动的能力，占用了城市绿化用地，极易形成城市热岛，造成污染物的聚集。虽然昆明市空气环境质量总体良好，但主城区二氧化硫超标，局部地区可吸入颗粒物超标。因为中心城区过多的开发建设，中心城区的绿地建设受到制约，无法满足空气净化的需求。

（5）机动车排放引起的空气环境污染问题日益加重

昆明市大气环境中二氧化氮总体污染程度不高，但从总体上看也呈上升趋势。近几年机动车保有量的快速增长及燃煤量增加是造成二氧化氮浓度上升的主要原因。

此外，近年来由于昆明市城市建设进程加快，大面积旧城拆迁，道路开挖改造等市政工程以及粗放施工过程造成的运输尘、建筑尘，也加大了尘土的污染。

5.3.2.9 小结

总体来说，昆明市大气环境尚有一定的容量，大部分区域二氧化硫的排放量低于容量值，具有较大的二氧化硫容量空间；但昆明市主城区、安宁、宜良及东川大气环境不容乐观，二氧化硫排放量超过环境容量。

影响昆明市大气环境承载力的主要因素包括自然因素、不合理的城市工业布局、重化工业的发展、燃煤用量的增加及机动车的快速增长等。

5.3.3 生态足迹与生态承载力研究

5.3.3.1 生态足迹的基本概念及其应用

生态足迹（Ecological Footprint），又称生态占用[17]，指生产一定人口所消费的资源和吸纳这些人口产生的废弃物所需要的生态生产性土地的总面积。

生态足迹概念最早是由加拿大生态经济学家 William Rees 等在 1992 年提出，并在 1996 年由其博士生 Wackernagel 完善的一种衡量人类对自然资源利用程度以及自然界为人类提供的生命支持服务功能的方法。生态足迹是一种资源利用分析工具，它用生态空间大小表示人类对自然资本的消费及自然系统能够提供的生态服务功能，从而对人类活动的可持续性做出评价。其度量尺度可为一个国家、一个城市、一个产业或一个人。Wackernagel 将生态足迹形象地比喻为“一只承载着人类与人类所创造的城市、工厂……的巨脚，踏在地球上留下的脚印”。

生态足迹这一形象化概念，既反映了人类对地球环境的影响，也包含了可持续发展的机制，即当地球所能提供的土地面积无法容纳这只巨脚时，那么它所承载的人类文明终将崩塌。

生态足迹的概念和方法的提出在世界各国引起很大反响，目前该方法已在许多国家和地区得到应用，方法本身也在实践中不断完善和发展。由世界自然基金会（WWF）、国际发展重新定义组织（Redefining Progress）以及联合国环境规划署世界保护监测中心（UNEPWCMC）每两年联合发布一次“地球生存报告”（Living Planet Report），将生态足迹作为综合指数，以反映地球的可持续发展状态。

1999 年生态足迹的概念被引入国内以来，成为新兴的研究热点，现已成为一种十分流行的评价城市及区域生态承载力及可持续发展的定量方法，在我国许多省市得到了广泛的应用。

5.3.3.2 生态足迹的计算模型

生态足迹分析法的核心是通过测定现今人类为了维护自身生活状况而消耗自然的量，来评估人类活动对生态系统的影响。其计算是基于两个基本事实[18]：一个是确定某个范围内人们消耗的资源及所产生的废弃物的数量；二是将这些资源和废弃物能转化成相应的生物生产性土地。生态足迹分析中把人类的生态资源消费折算成具有一定生态生产能力的生态生产性土地，归结为耕地、林地、牧草地、水域、化石能源地、建筑用地 6 大类。具体计算过程是：将人类的每一项最终消费量通过折算，转换成提供生产该种消费所需的原始物质与能量的生物生产性土地的面积，通过对比自然生态系统提供的生态承载力和人类的生态足迹需求，来评价一个地区是否实现可持续发展。其计算步骤如下：

（1）计算各类消费所使用的土地 S_i：

$$S_i=C_i / Y_i=(P_i+I_i-E_i)/Y_i \tag{5-6}$$

式中：C_i ——第 i 项的消费总量；

Y_i ——第 i 项的土地生产力；

P_i ——第 i 项的当地生产量；

I_i ——第 i 项消费的进口量；

E_i ——第 i 项消费的出口量。

（2）计算总土地占用：

$$\Sigma S_i=S_1+S_2+S_3+S_4+S_5+S_6 \tag{5-7}$$

式中：S_1——农用地；

S_2——草地；

S_3——建筑用地；

S_4——林地；

S_5——近海水域；

S_6——能源用地。

（3）折算为生态足迹（Ecological Footprint，EF）：

$$EF=\Sigma S_i\times f_i=N\times ef=N\Sigma f_i(P_i+I_i-E_i)/p_i \tag{5-8}$$

式中：EF——总的生态足迹；

ef——人均生态足迹；

N——人口数；

P_i ——第 i 种消费项目的年产量；

I_i ——第 i 种消费项目的年进口量；

E_i ——第 i 种消费项目的年出口量；

f_i ——第 i 种生物资源的等量因子；

p_i ——第 i 种消费商品的世界平均生产能力。

（4）计算生态承载力：

$$EC=N\times ec=\Sigma\ (A_j\times Y_j\times E_j) \tag{5-9}$$

式中：EC ——生态承载力；

N ——人口数；

ec ——人均生态承载力；

A_j ——第 j 类土地利用类型的实际面积，hm^2；

Y_j ——第 j 类土地利用类型的产量因子；

E_j ——第 j 类土地利用类型的均衡因子。

通过对比自然生态系统提供的生态承载力和人类的生态足迹需求，来评价一个地区是否实现可持续发展。如果一个地区生态承载力大于生态足迹，则为生态盈余（ER，EF＜EC），表明人类活动对自然生态系统的压力处于本地区提供的生态承载力范围之内，生态系统是安全的，处于可持续发展状态之下；反之则为生态赤字（ED，EF＞FC），表明人类需求与自然生态系统的供给处于本地区提供的生态承载力范围之外，生态系统是不安全的，处于不可持续发展状态之下。

5.3.3.3 昆明市生态承载力与生态足迹的计算与分析

（1）计算结果

根据生态足迹的概念和计算方法，依据昆明市统计年鉴的数据及其他相关资料，本研究对昆明市 2000—2007 年的生态承载力、生态足迹、生态赤字进行了计算，结果见表 5-23。

表 5-23 昆明市 2000—2007 年生态足迹与生态承载力

年 份	2000	2001	2002	2003	2004	2005	2006	2007
人均生态足迹/（g·hm²/人）	2.169	2.451	2.310	2.576	2.543	2.962	2.698	3.041
人均生态承载力/（g·hm²/人）	0.631	0.622	0.612	0.605	0.603	0.598	0.498	0.493
人均生态赤字/（g·hm²/人）	−1.538	−1.829	−1.697	−1.972	−1.940	−2.364	−2.199	−2.549
地区生态足迹/（10⁴g·hm²）	1 043.19	1 194.89	1 142.89	1 290.18	1 278.92	1 506.06	1 659.66	1 883.43
地区生态承载力/（10⁴g·hm²）	303.333	303.408	303.051	302.796	303.380	303.985	306.589	305.031
地区生态赤字/（10⁴g·hm²）	−739.86	−891.48	−839.84	−987.38	−975.54	−1202.1	−1353.1	−1578.4
万元 GDP 生态足迹/（g·hm²/万元）	1.666	1.775	1.565	1.585	1.357	1.419	1.375	1.340

（2）结果分析

① 生态足迹与生态承载力变化趋势

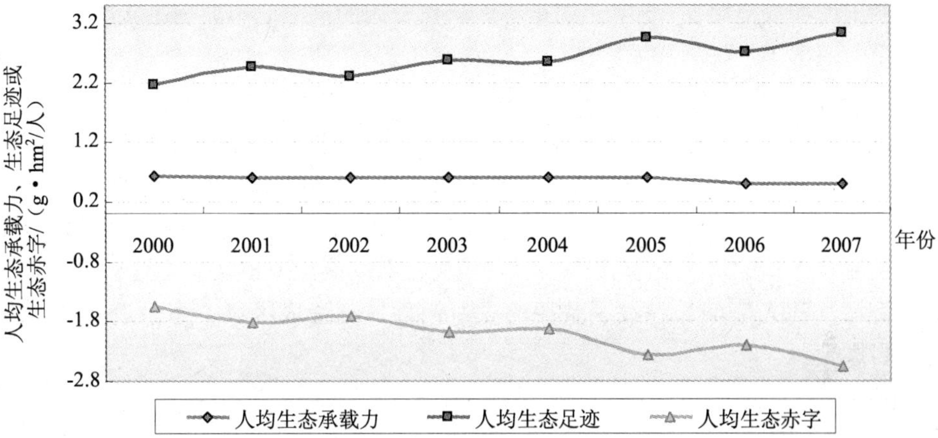

图 5-7 2000—2007 年昆明市人均生态足迹变化

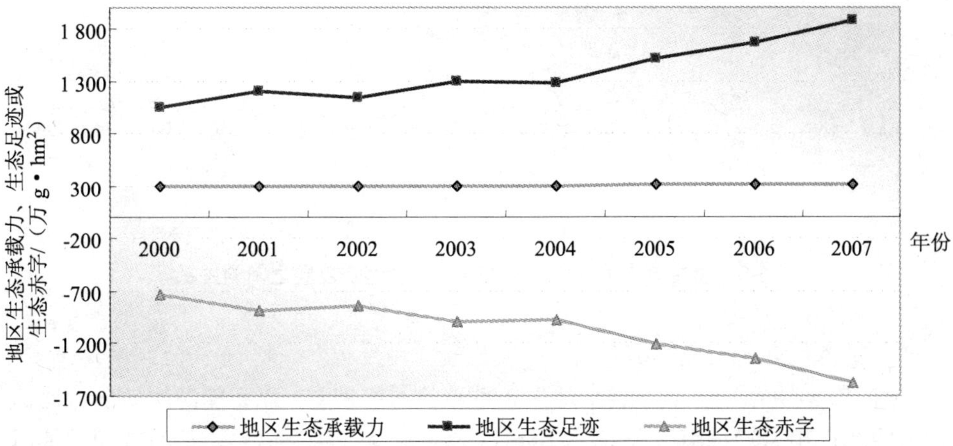

图 5-8 2000—2007 年昆明市区域生态足迹变化

由图 5-7 和图 5-8 可以看出，2000 年昆明市人均和地区生态足迹均已经高于相应的生态承载力，出现了生态赤字。最近几年以来，昆明市生态足迹均呈较快的增长趋势，但相应的生态承载力却一直维持在大致稳定的水平上，从而导致了生态赤字的大幅增加。人均生态赤字、生态足迹及生态承载力的变化趋势与区域总生态足迹和总生态承载力的变化趋势相似。生态足迹的增加，一方面反映了人民生活水平的提高，消费能源、各种生物产品、农业资源和享有各类服务的绝对量的增加；另一方面也反映出资源环境对社会经济发展的约束力越来越大。生态赤字的出现和大幅增加，表明昆明市本地自然资源的供给已不能满足人类的需求，生态压力超出了生态承载力的阈值，其发展处于不可持续状态。

② 生态足迹与社会、经济的关系

从生态足迹的增长态势分析，2000 年以后，昆明市生态足迹呈快速增长态势，5 年间增长了 80%左右，而期间昆明市的 GDP 和人口也呈高速增长趋势，GDP 增长了一倍以上，人口增长了 30%左右，这表明生态足迹的持续攀升与经济的发展和人口的增加有直接的关系，相关系数均高达 0.8 以上（图 5-9），这表明经济增长和人口增长导致了资源的大量消耗，是造成区域生态足迹不断上升的主要原因。

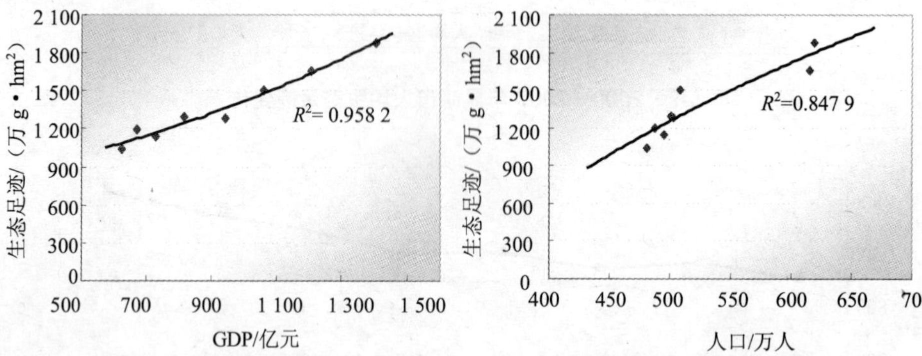

（a）GDP—区域生态足迹　　（b）人口—区域生态足迹

图 5-9　滇中城市群生态足迹变化与社会经济发展之间的关系

③ 生态足迹的构成解析

根据图 5-10 所示，从各类土地生态足迹的占用来看，化石能源用地所占比例最大（2001 年为建设用地），建设用地次之，草地占用为第三。化石能源用地所占比例最大，这说明昆明市能源消费在总的消费中占有较大比例，一定程度上反映了工业生产对生态足迹占用较多。从生态足迹的变化趋势来看，能源足迹所占的份额越来越大，这说明能源对未来城市社会经济发展以及生态环境影响越来越大。随着工业的发展和人们生活水平的提高，人们对能源的利用强度将不断增加，每年化石能源的使用量还将持续上升，这将导致用以吸纳 CO_2 的能源足迹大大增加。因此，若要减少能源足迹，又要满足经济社会发展的需要，调整能源消费结构势在必行。

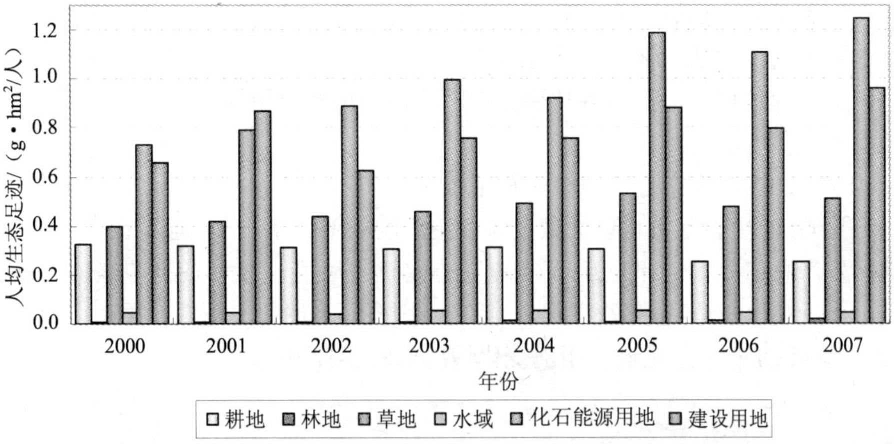

图 5-10　2000—2007 年昆明市人均生态足迹解析

其次，建设用地占用也较多，这是近年来城市建设速度加快导致建设用地不断增加的结果。随着城市化进程的不断推进以及人口总量的持续增加，未来一定时期内进入城镇生活的人口还将继续大幅增加，为了满足这些新增城市人口的生活需要，所要占用的土地也会越来越多。

此外，草地占用比例也相对较大，这说明随着经济的发展，人们生活水平不断提高，居民趋于消费更多的畜牧产品，直接食用肉类、脂肪类、禽蛋类或者间接利用动物制品的量还在呈不断上升趋势。

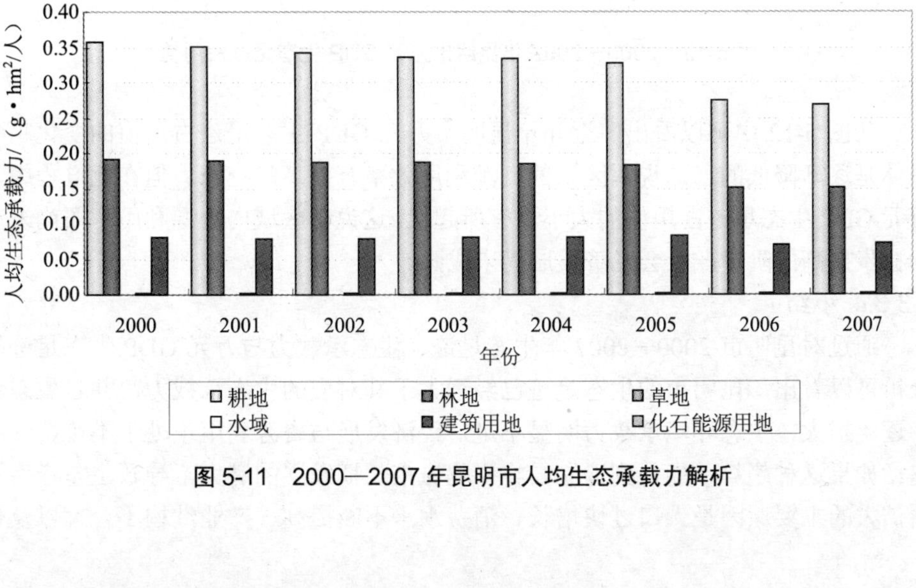

图 5-11　2000—2007 年昆明市人均生态承载力解析

在生态承载力构成方面，耕地的生态承载力最大，林地次之，建设用地第三，如图 5-11 所示。说明上述三类土地对于昆明市的发展起着主要的生态环境承载作用。因此，保护耕地，提高森林覆盖率、合理利用建设用地，对提高城市生态承载力有着重要的意义。

④ 万元 GDP 生态足迹与资源利用效率

万元 GDP 生态足迹可以大致反映出资源的利用效率，一个地区的总生态足迹与地区生产总值的比值即为万元 GDP 生态足迹占用值。万元 GDP 生态足迹占用值越小，反映出资源利用效率越高；反之，则资源利用效率越低。昆明市 2000—2007 年万元 GDP 生态足迹占用值变化情况如图 5-12 所示。

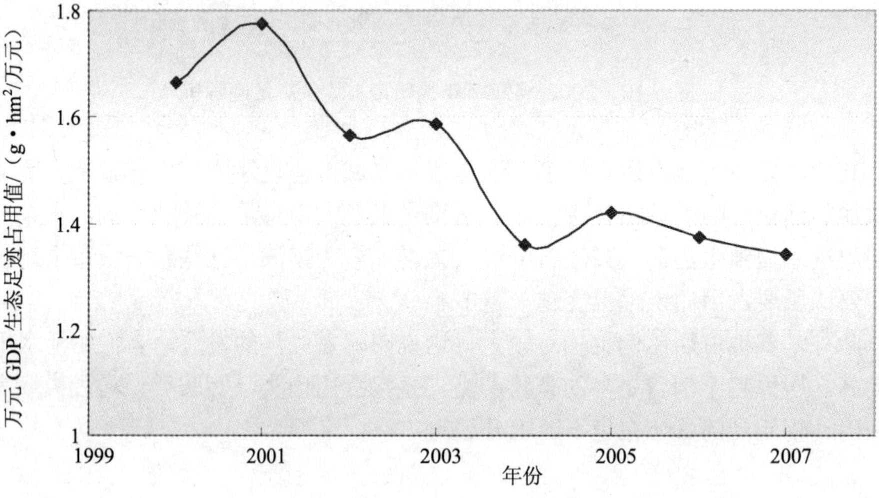

图 5-12 2000—2007 年昆明市万元 GDP 生态足迹占用值

从图 5-12 中可以看出，近几年昆明市万元 GDP 生态足迹占用值的变化趋势总体是逐渐降低的，这说明区域的资源利用效率有提高的迹象。但在此过程中，万元 GDP 生态足迹占用值的大小却有所起伏，这说明区域内资源利用率还尚未达到稳步提高的阶段，社会经济发展尚未成熟。

5.3.3.4 小结

通过对昆明市 2000—2007 年生态足迹、生态承载力与万元 GDP 生态足迹的分析可以看出，昆明市的生态足迹已经远大于其对应的生态承载力，并且生态赤字逐年扩大，生态环境承载力明显不足，经济发展与资源利用正处于不可持续状态。如果这种趋势不能得到遏制，将影响城市长期发展的潜力。导致生态赤字不断扩大的主要原因是人口过快增长、消费水平不断提高、产业结构不合理以及化石燃料的极大消耗等。

5.4 昆明市环境承载力的综合评价

上述分析结果表明：昆明市环境承载力的状况不容乐观，水污染严重，水环境总体处于超载状态，昆明市主城区及滇池流域处于严重超载状态；大气环境尚有一定容量，但二氧化硫污染呈明显上升趋势，目前的排放量已经超过总量控制值，其中昆明市主城区、安宁、宜良及东川已经接近或超过大气环境承载力；昆明市的生态足迹已经远大于其对应的生态承载力，并且生态赤字逐年扩大，生态环境承载力明显不足，经济发展与资源利用正处于不可持续状态。

影响昆明市环境承载力的主要因素包括自然因素、经济人口增长过快、粗放的经济增长方式、不合理的产业结构及布局、能源消耗高、环境基础设施薄弱等方面。

6 昆明市环境承载压力情景预测

6.1 昆明市城市发展定位

根据《昆明城市总体规划（2006—2020）》（昆明市人民政府，2007 年 12 月），昆明城市职能定位为：中国面向东南亚、南亚开放的门户枢纽、区域性进出口加工中心、区域性金融中心；我国重要的旅游、商贸城市；国家级历史文化名城，中国民族文化的重要展示中心；中国西部地区重要的新型工业基地；云南省政治、经济、文化中心；云南省省会；湖滨生态宜居城市。

昆明的城市发展应发挥中心城市的带动作用，促进滇中城市群的崛起，通过滇中城市群的辐射作用，为云南省经济社会发展提供示范与借鉴；应充分发挥昆明的产业、市场、技术、资金、人才等比较优势，将实施工业强市战略与生态化经济战略充分结合起来，积极参与滇中经济区、南贵昆经济区、泛珠江三角区域、昆河经济走廊、昆曼经济带的开发建设，选择性地承接产业转移，发展成为中国西南地区重要的商贸、旅游中心。

6.2 社会经济发展对环境的压力分析

6.2.1 人口增长压力

昆明市是云南省最发达的地区，也是人口密度最高的区域。根据《昆明统计年鉴》（2008 年），2007 年昆明市市域内常住人口为 619.33 万人，城镇人口为 366.02 万人，其中主城区城镇人口 260.59 万人，城市化率为 59%。受区位优势和经济发展的驱动，预计未来人口还有进一步向昆明市集聚的趋势。根据《昆明城市总体规划（2006—2020）》（昆明市人民政府，2007 年 12 月），2020 年，昆明市市域内的常住总人口将达到 850 万人，2007—2020 年的 13 年间，常住人口将增加 230.67 万人，总增长率为 37.2%，年均增长率为 2.46%。

人口的不断增加对环境压力的影响主要包括以下三个方面：①水资源、土地资源的需求量不断增加，根据水利部门预测，昆明市全市总用水量为：2010 年 22.5 亿 m^3，2020 年 24.37 亿 m^3，将分别为 2007 年（用水量 9.15 亿 m^3）的 2.5 倍及

2.66 倍。为满足人为活动的正常需要，不得不加大对水资源、土地资源的开发利用强度。②增加污水、垃圾及废气等污染物的产生量。③加大对区域生态环境尤其是生态敏感区及生态脆弱区的干扰和破坏程度。

人口的增加导致人均资源量减少，资源消耗量增加，伴随着对资源的过度开发利用，污水、垃圾等产生量增加，加大了昆明市的环境压力。

6.2.2 城镇化发展的压力

城市是人口和经济社会活动最集中的地方，相应的也是环境压力最大的地方。世界城市化的经验表明，城市化进程可分为起步、加速和成熟三个阶段，其中城市化 30%～70%的过程是城市化的加速阶段。昆明市目前的城市化率为 59%，正处于加速发展阶段。

根据《昆明城市总体规划（2006—2020）》，至 2020 年，昆明市市域城镇人口规模为 640 万人，比 2007 年增加 273.98 万人，总增长率为 74.85%，年均增长率为 3.29%；城市化率为 76%，比 2007 年增加 17%；昆明中心城（包括主城区及呈贡新区）将达到 430 km^2，比 2007 年（318 km^2）增长 35%。由于城镇居民人均消费远高于农村居民，城市化水平的高速发展将给城市环境带来了巨大的资源与环境压力，主要表现在：①对资源的需求持续上升，尤其是土地、水、能源等资源需求，这将进一步加剧昆明市在水资源、土地资源及能源等方面的供需矛盾，特别是基本农田保护与建设占用耕地之间的矛盾。耕地减少将导致昆明市生态环境承载力的下降。②随着消费水平的提高，污染物的排放量也将大幅攀升，机动车导致的城市空气污染将成为昆明市发展面临的严峻挑战。

6.2.3 工业发展对资源环境的压力

昆明市正处于工业化加速发展时期，实施工业强市战略和全力打造产业强市是建设现代新昆明的重要支撑。根据昆明市委市政府发布的《关于进一步加快推进新型工业化的实施意见》（昆通[2008]43 号），昆明市将重点培育装备制造、有色冶金、钢铁、化工、生物、能源、食品、电子信息等产业，形成支撑新型工业化的主导产业群。其中有色冶金、化工、钢铁、能源等产业均属能耗、水耗及污染物排放量较高的产业，这些产业的发展势必将加重环境的承载压力。

6.3 环境承载压力情景预测

6.3.1 水污染负荷预测

水污染负荷的预测指标为化学需氧量。

6.3.1.1 工业污染负荷

（1）预测方法

采用万元工业增加值排污强度进行预测。以规划目标年工业增加值预测值为基础，采用下式计算化学需氧量排放量：

$$W_t=G_t\times k_t\times 10^{-3}$$

式中：W_t ——规划目标年工业化学需氧量，t/a；

G_t ——规划目标年工业增加值预测值，万元；

k_t ——规划目标年单位万元工业增加值化学需氧量排放量，kg/万元。

（2）参数的选取

2010年工业增加值预测数据采用《昆明市“十一五”工业发展规划纲要》中的规划数据，2020年工业增加值预测按照年均8%的增长率来确定。

工业污染排放强度受产业结构调整及技术进步等多种因素影响，本研究采用三种情景来预测工业污染物排放强度：

情景1。即维持现状方案，假设维持现有废水治理水平，化学需氧量的排放系数保持现状。

情景2。即基本方案，假设在国家及云南省的节能减排及总量控制要求下，工业企业节水、节能意识有所提高，化学需氧量排放系数在2007年（基准年）的基础上降低约10%。

情景3。即强化方案，假设在国家及云南省的节能减排及总量控制要求下，产业结构调整及技术进步速度加快，工业废水排放系数在2007年（基准年）的基础上降低约20%。

（3）预测结果

昆明市工业水污染负荷预测结果见表6-1。

表 6-1 昆明市工业水污染负荷预测结果 单位：t/a

情景	维持现状方案	基本方案	强化方案
排污系数	0.86	0.77	0.69
2010	6 880	6 160	5 520
2020	10 108.956	9 051.042	8 110.674

6.3.1.2 生活污染负荷

（1）预测方法

根据预测目标年城镇人口数量及人均生活化学需氧量排放系数，推算化学需氧量排放量，表达式如下：

$$W_t = 0.365 \times P_t \times c_t$$

式中：W_t——预测目标年城镇生活化学需氧量排放量，t/a；

P_t——预测目标年城镇人口数，人；

c_t——预测目标年人均排污系数，g/（人·d）。

（2）参数选取

生活水污染物排放量受到城镇人口规模、居民生活用水方式改变（如节水力度加大）以及城镇污水处理率提高等因素影响。预测人口数按照《昆明市总体规划修编（2006—2020 年）》确定的昆明市人口发展的构想；城镇生活化学需氧量（COD）排污系数参照《第一次全国污染源普查城镇生活产排污系数手册》人均排污量，城镇污水处理率根据昆明市“十一五”环境保护规划对于昆明市环境保护的目标及拟采取的对策措施，采取三种情景进行污染物排放量的预测，详见表 6-2。

表 6-2 城镇污水排放系数及处理情景分析

<table>
<tr><th>预测年份</th><th>COD 排污系数/[g/(人·d)]</th><th>维持现状方案</th><th>基本方案</th><th>强化方案</th></tr>
<tr><td>2010</td><td>60</td><td rowspan="2">污水处理率及 COD 去除率保持现状水平</td><td>污水处理率为 80%，COD 去除率为 80%</td><td>污水处理率为 80%，COD 去除率为 90%</td></tr>
<tr><td>2020</td><td>65</td><td>污水处理率为 85%，COD 去除率为 80%</td><td>污水处理率为 85%，COD 去除率为 90%</td></tr>
</table>

（3）预测结果

昆明市生活化学需氧量排放量预测结果见表 6-3。

表 6-3　昆明市生活化学需氧量排放量预测结果　　单位：t/a

预测年份	维持现状方案	基本方案	强化方案
2010	35 766	28 686	22 311
2020	77 792	38 947	28 602

6.3.1.3 点污染源排放总量预测

根据生活污染源及工业污染源预测分析，昆明市点污染源化学需氧量排放总量预测值见表 6-4。

表 6-4　昆明市点污染源化学需氧量排放总量预测　　单位：t/a

预测年份	维持现状方案	基本方案	强化方案
2007	36 806	36 806	36 806
2010	54 943	39 273	31 274
2020	118 032	51 566	36 960

从表 6-4 可以看出，在维持现状方案的情景下，2010 年及 2020 年昆明市化学需氧量（COD）排放总量为 5.49 万 t/a 及 11.8 万 t/a。分别是 2007 年排放量的 1.5 倍及 3.2 倍。

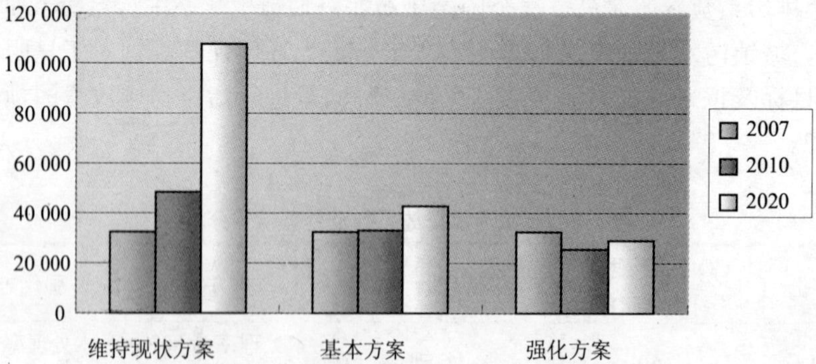

图 6-1　不同情景预测的 COD 排放量

在基本方案的情景下，2010 年及 2020 年昆明市化学需氧量排放总量相当于 2007 年的 1.1 倍和 1.4 倍。

在强化方案的情景下，与 2007 年相比，2010 年昆明市化学需氧量排放量减少 15%，2020 年的排放量基本与 2007 年相当。

上述分析表明，只要注重产业结构调整和加强工业污染防治，降低工业污染排放强度，提高城镇污水处理率及处理效果，那么即使在经济与人口大幅增长的情景下，水污染物的排放量能够维持在现有的水平甚至降低。从预测的结果看，在水污染负荷中，生活污染源的比例在 80%以上，因此生活源污染物削减仍是今后昆明市水环境污染防治的重点。

6.3.2 大气污染预测

本研究选取二氧化硫为大气污染负荷的预测指标。

6.3.2.1 工业污染负荷预测

（1）预测方法

采用万元工业增加值排污强度进行预测。以规划目标年工业增加值预测值为基础，采用下式计算二氧化硫排放量：

$$W_t=G_t\times k_t\times 10^{-3}$$

式中：W_t ——规划目标年工业二氧化硫排放量，t/a；

G_t ——规划目标年工业增加值预测值，万元；

k_t ——规划目标年单位万元工业增加值二氧化硫排放量，kg/万元。

（2）参数的选取

2010 年工业增加值预测数据采用《昆明市“十一五”工业发展规划纲要》中的规划数据，2020 年工业增加值预测按照年均 8%的增长率来确定。

工业污染排放强度受产业结构调整及技术进步等多种因素影响，本研究采用三种情景来预测工业污染物排放系数，具体见表 6-5。

表 6-5 工业二氧化硫排放系数预测

情景	维持现状方案	基本方案	强化方案	备注
2010	18.76	16.88	15	基本方案及强化方案中 SO_2 的排放系数分别比 2007 年降低 10%及 20%
2020	15	13.5	12	现状方案为 2010 年强化方案的系数，基本方案及强化方案中 SO_2 的排放系数分别比 2010 年强化方案的系数降低 10%及 20%

（3）预测结果

昆明市工业二氧化硫排放量的预测结果见表 6-6。

表 6-6 昆明市工业二氧化硫排放量的预测结果 单位：t/a

预测年份	维持现状方案	基本方案	强化方案
2010	150 080	135 040	120 000
2020	176 319	158 687	141 055.2

6.3.2.2 生活污染负荷

随着城市液化气及其他清洁能源的普及，城市生活燃煤的消费量会逐渐降低，生活二氧化硫的排放量也会随之减少。本研究也采用三种情景来预测昆明市生活二氧化硫的排放量，具体见表 6-7。

表 6-7 生活二氧化硫的预测 单位：t/a

预测年份	维持现状方案	基本方案	强化方案
2010	5 807	5 226	4 646
2020	5 807	5 226	4 646
备注	保持现有的排放量	在现状排放量的基础上降低 10%	在现状排放量的基础上降低 20%

6.3.2.3 大气污染物排放总量预测

昆明市二氧化硫排放总量预测结果见表 6-8。

表 6-8 昆明市二氧化硫排放总量预测结果 单位：t/a

预测年份	维持现状方案	基本方案	强化方案
2007	105 115	105 115	105 115
2010	155 887	140 266	124 646
2020	182 126	163 913	141 055

从表 6-8 可以看出，在维持现状方案情景下，2010 年及 2020 年二氧化硫的排放量分别是 2007 年排放量的 1.5 倍和 1.7 倍；在基本方案情景下，2010 年及 2020 年二氧化硫的排放量分别是 2007 年排放量的 1.3 倍和 1.6 倍；在强化方案的情景下，2010 年及 2020 年二氧化硫的排放量分别是 2007 年排放量的 1.2 倍和 1.3 倍。除 2020 年维持现状方案情景下二氧化硫的排放量超过昆明市二氧化硫的理想容量外，其他情景下二氧化硫的排放量基本都在其承载范围内。这表明只要通过产业结构调整及技术进步，降低工业二氧化硫的排放强度，大力推广清洁能源，则未来昆明市二氧化硫的排放量就不会出现大幅攀升，总体能控制在其容量范围内。

但由于容量分布的不均匀，部分地区还是可能会出现超载情景。

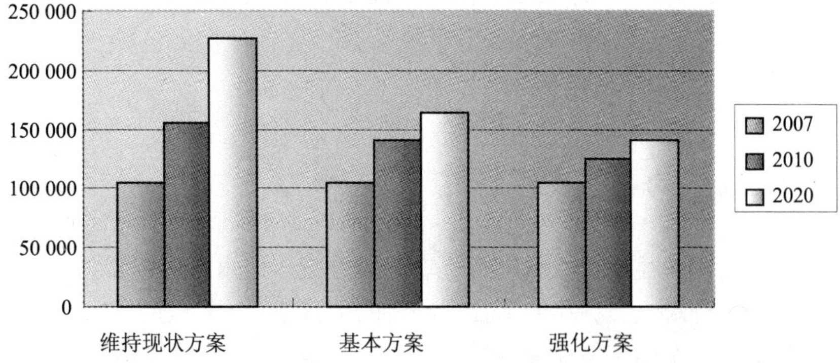

图 6-2　不同情景预测的 SO_2 排放量

6.4 小结

预测分析表明，随着未来人口持续增长和经济的快速发展，在维持现状排放水平和治理水平的情景下，水污染物及大气污染物的排放量还将增加，环境压力进一步加大，水及大气的环境容量均将超过其承载水平，这种发展模式将难以为继。若通过产业结构优化、节能降耗、加强污染治理和环境基础设施的建设等手段实现污染排放系数的降低，则可以大大降低污染物的排放量，即使在人口及经济大幅增长的情景下，仍可以将水污染物的排放控制在较低的水平，大气污染物的排放控制在容量范围内，实现“增产不增污”、甚至“增产减污”，达到经济发展与环境保护的协调统一。

7 昆明市环境承载力对城市化及产业发展的支撑研究

7.1 对产业发展的现状支撑研究

上述研究表明，昆明市大气环境尚有一定容量，但水环境容量总体处于严重超载状态，目前已难以支撑昆明市社会经济的可持续发展。

根据各工业园区的环境监测数据及环境影响报告书，对昆明市主要的工业园区的环境承载力做了初步的判断，结果见表 7-1。

表 7-1 昆明市工业园区环境承载力现状

序号	名称	水环境容量	大气环境容量
1	昆明高新技术产业开发区	无环境容量	具有一定的大气环境容量
2	昆明滇池国家旅游度假区	无环境容量	具有一定的大气环境容量
3	昆明经济技术开发区	无环境容量	具有一定的大气环境容量
4	安宁工业园区	无环境容量	无环境容量
5	海口工业园区	无环境容量	大气污染物容量可满足发展要求
6	呈贡工业园区	无环境容量	具有一定的大气环境容量
7	杨林工业开发区	无环境容量	具有一定的大气环境容量
8	东川再就业特区	无环境容量	园区的阿旺、对门山片区有空气环境容量。碧谷、四方地片区容量不足
9	寻甸特色产业园区	无环境容量	具有一定的大气环境容量
10	晋宁县工业园区	无环境容量	具有一定的大气环境容量
11	官渡工业园	无环境容量	具有一定的大气环境容量
12	宜良工业园区	无环境容量	基本无 SO_2 和烟尘的环境容量
13	石林生态工业集中区	巴江桥断面水质氨氮超标，没有环境容量	具有一定的大气环境容量
14	富民县工业集聚区	无环境容量	具有一定的大气环境容量
15	禄劝崇德工业集聚区	无环境容量	大气污染物容量可满足发展要求

从表 7-1 中结果可以看出，几乎所有的工业园区已经没有水环境容量，大气环境容量的状况则相对乐观，除宜良工业园区、安宁工业区、东川再就业特区的碧谷、四方片区外，其他工业园区目前大气环境质量良好，大气环境容量可以满

足发展要求。水环境容量的缺乏是昆明市产业发展目前及将来最大的环境约束条件。

7.2 昆明市水环境承载力的情景分析

目前昆明市水环境容量总体处于超载状态，水环境容量的缺乏已经成为昆明市可持续发展的约束条件。如果延续现行粗放的发展模式，将难以维系城市的可持续发展。因此只有通过优化产业结构，转变增长模式，降低污染物的排放量，同时加大环境基础设施的建设与管理，扩充环境对社会经济发展的支撑容量，才能提高城市水环境的承载能力。

7.2.1 降低工业排污强度对提升环境承载力的影响分析

本研究分析了在水环境质量、工业排污量及生活排污量等条件保持现状的情景下，降低工业排放强度对提升昆明市水环境容量对工业支撑能力的影响。以化学需氧量为代表分两种情景进行分析：

情景 1：万元工业增加值化学需氧量排污强度降低 10%；

情景 2：万元工业增加值化学需氧量排污强度降低 20%。

结果见表 7-2。

表 7-2　不同排污强度情景可支撑的工业增加值

	现状	情景 1	情景 2
化学需氧量排污强度/（kg/万元）	0.86	0.77	0.69
支撑的工业增加值/亿元	529.4	594.43	663.35

从表 7-2 中分析可以看出，化学需氧量排污强度降低 10%，则化学需氧量环境容量可支撑的工业增加值将增加 12%；排污强度降低 20%，则可支撑的工业增加值将增加 25%。说明降低工业排污强度对提升水环境对产业的支撑能力有非常重要的作用。

7.2.2 对城市化发展的支撑分析

假设通过采取一系列的措施，昆明市水环境状况有了明显改善，区域内主要河流基本达到水环境功能要求，届时昆明市的水环境容量将有很大提高，通过模拟计算化学需氧量的理想水环境容量将提高到 27 930t，比现状增加 61.4%。在此条件下，本研究分析了不同情景下水环境容量（以化学需氧量计算）可支撑的城镇人口数量：

情景 1。工业源及农村面源排放量保持现状，城镇生活污水处理率 80%，COD 去除率 80%；

情景 2。工业源及农村面源排放量保持现状，城镇生活污水处理率 90%，COD 去除率 90%；

情景 3。工业源及农村面源排放量比现状降低 10%，城镇生活污水处理率 90%，COD 去除率 90%；

情景 4。工业源及农村面源排放量比现状降低 20%，城镇生活污水处理率 90%，COD 去除率 90%。

不同情景下昆明市水环境（以化学需氧量计算）可承载的城镇人口数量见表 7-3。

表 7-3　不同情景下水环境可承载的城镇人口数量

	情景 1	情景 2	情景 3	情景 4
可承载的城镇人口数量/万人	242	459	491	524

从表 7-3 可以看出，情景 4 可承载的人口数量是情景 1 的 2.2 倍，这表明只要通过控源减排，提高城镇污水处理率和污水处理厂的运行效率，就能够大幅提升水环境的承载能力。

7.3 小结

几乎所有的工业园区都已经没有水环境容量，大气环境容量的状况则相对乐观，除宜良工业园区、安宁工业区、东川再就业特区的碧谷和四方片区外，其他工业园区目前大气环境质量良好，大气环境容量可以满足发展要求。水环境容量的缺乏将成为昆明市产业发展的最大环境约束条件。

不同情景分析结果表明：在其他条件保持不变的情景下，降低工业排放强度 10%～20%，则水环境容量可支撑的工业增加值将能够提升 12%～25%；大幅降低工业及农业面源污染物的排放量，提高城镇污水处理率和污水处理厂的运行效率，就能够大幅提升水环境可承载的城镇人口数量。

8 昆明市环境承载力空间管制研究

8.1 环境承载力空间管制的目的

城市环境承载力管制的主要目的是根据城市的环境承载能力确定城市的发展策略，根据不同区域的承载能力确定产业的发展方向及产业的准入标准，以合理利用环境容量，增强城市的环境承载能力，促进城市健康、协调发展。

8.2 环境承载力空间管制的分区及管制措施

8.2.1 水环境承载力空间管制分区及管制策略

根据各区县环境承载力的现状评价，以化学需氧量为控制指标，将昆明市水环境承载力管制的分区分为三类，见表 8-1。

表 8-1 水环境承载力空间管制分区

水环境承载力空间管制分区	县 区
中承载力区	东川、石林、宜良
超载区	禄劝、富民、呈贡、嵩明、寻甸
严重超载区	安宁、滇池流域（不包括嵩明）

各类管制区的管制策略如下：

8.2.1.1 严重超载区

控制滇池流域尤其是主城的发展规模，优化城市空间结构。通过加强基础设施建设和政策引导，促进流域内人口及相关产业向滇池流域外转移，重点发展嵩明和宜良次级城市及一批小城镇，达到控制新增城市污染、减轻滇池流域环境负荷的目的。

加快产业结构升级，逐步以高效、低排放的新型产业代替高耗水、高排放的传统产业。滇池流域要实行“退二进三”的发展策略，严禁在主城区新建、扩建有水污染的工业项目，全面禁止新上新增氮磷排放的项目，重点发展现代服务业和旅游业，原有的污染企业应逐步外迁。滇池流域实施全面截污、全面禁养、全面整治、全面绿化，滇池环湖400 m范围内全部实施“四退三还一护”，即退田还林、退鱼（塘）还湿、退房还岸、退人护水。积极发展生态农业和有机农业，大幅减轻农业面源污染。

要实行最严格的环境准入标准，滇池流域内的建设项目应符合下列标准：万元工业增加值废水排放量不高于3.8 t，化学需氧量排放量不高于0.41 kg；安宁市的建设项目应符合下列标准：万元工业增加值废水排放量不高于7.11 t，化学需氧量排放量不高于0.69 kg。

加强城镇污水处理设施建设，提高污水处理厂的排放标准，尤其是氮磷的标准，滇池流域污水处理厂全部按GB 18918—2002《城镇污水处理厂污染物排放标准》中表1一级标准A标准进行考核。

8.2.1.2 超载区

大力发展高技术、高效益、低消耗、低污染的“两高两低产业”，逐步淘汰工艺水平低、能耗高、污染重的工业企业，严格限制造纸及纸制品业、纺织业、黑色金属冶炼及压延加工业、化学原料及化学制品制造业等高水耗、高排放产业的发展。加快工业园区建设，促进工业集聚发展。积极发展生态农业和有机农业，大幅减轻农业面源污染。

实行严格的环境准入标准，工业项目清洁生产水平不得低于国家清洁生产标准的国内先进水平，该区域内的建设项目应符合下列标准：万元工业增加值废水排放量不高于8 t，化学需氧量排放量不高于0.77 kg。

8.2.1.3 中承载力区

限制发展高水耗严重水污染的产业，石林风景保护区禁止发展有水污染的项目。加快工业园区建设，促进工业集聚发展。

实行较严格的环境准入标准，工业项目清洁生产水平不得低于国家清洁生产标准的国内基本水平，该区域内的建设项目应符合下列标准：万元工业增加值废水排放量不高于8 t，化学需氧量排放量不高于0.86 kg。

8.2.2 大气环境承载力空间管制分区及管制策略

根据各区县大气环境承载力的现状评价，以二氧化硫为控制指标，将昆明市大气环境承载力空间管制分区分为三类，见表8-2。

表 8-2 大气环境承载力空间管制分区

大气环境承载力空间管制分区	县 市
高承载力区	禄劝、富民、呈贡、寻甸、石林
较高承载力区	嵩明
低承载力区	安宁、主城区、东川、宜良

各类区域的管制策略如下：

8.2.2.1 低承载力区

抓好重点行业、重点工程、重点企业的节能降耗工作，着力加强燃煤控制，降低电能消耗，淘汰落后产能，遏制高耗能、高排放行业。加快产业结构升级，逐步以高效、低排放的新型产业代替高耗能，发展循环经济，积极利用高新技术改造和提升冶金、机械、能源等传统产业，推广清洁生产和可再生资源利用。主城区要实行“退二进三”的发展策略，严禁在主城区新建、扩建有大气污染的工业项目，原有的污染企业应逐步外迁。调整扩大禁煤区覆盖范围，加强禁煤区的管理。在高污染燃料禁燃区范围内禁止新建、扩建、改建使用高污染燃料的设施，大力推广清洁能源和低污染燃料（轻质柴油、煤气、液化气等），发展太阳能产业。

严格环境准入标准，新建行业清洁生产水平必须达到同行业国内先进水平，非火电行业万元工业增加值二氧化硫排放量不得高于 8 kg。

8.2.2.2 高承载力区和较高承载力区

在统筹规划的前提下，积极引导相关产业向该类地区集聚，加快传统产业的改造和新型产业发展，限制发展不符合行业准入条件、不利于产业结构优化升级的生产能力、工艺技术、装备及产品；淘汰不符合有关法律法规规定，严重浪费资源、污染环境、不具备安全生产条件的落后工艺技术、装备及产品。加快工业园区建设，促进工业集聚发展。

实施较严格的环境准入标准，新建行业清洁生产水平必须达到同行业国内基本水平，非火电行业万元工业增加值二氧化硫排放量不得高于 10 kg。

9 提升昆明市环境承载力的综合对策

9.1 提升水环境承载力的对策

9.1.1 严格实施总量控制

总量控制既是控制污染物排放总量的有效手段，通过总量控制把污染物的排放量逐步减少到承载力允许的范围内，达到改善水环境的目的。化学需氧量的总量控制指标是国家规定的约束性指标，必须完成。按照昆明市政府与云南省环境保护局签订的《昆明市“十一五”主要污染物治理削减目标责任书》，到2010年昆明市化学需氧量排放总量目标控制在2.4万t，在2005年的基础上削减0.45万t，削减率15.9%；其中滇池流域控制在1.8万t，在2005年的基础上削减0.2万t，削减率10%。

如果能够保证总量控制目标的实现，将大大降低昆明市化学需氧量的排放量，减轻昆明市水环境的压力，有助于缓解昆明市水环境严重超载的现象。

鉴于昆明市水环境的现状，建议把水质超标严重的总氮、总磷的排放量也纳入总量控制指标。

9.1.2 发展低水经济，打造节水社会

节水和污水资源化是目前缓减昆明市、尤其是滇池湖盆区水资源短缺，提高水体自净能力的迫切需要，也是减轻昆明市水污染的重要途径。

9.1.2.1 大力推进工业节水

大力发展和推广工业节水技术，不断提高工业用水的重复利用率和间接冷却水循环率，逐步减少外排废水量，鼓励企业发展外排废水回用和“零排放技术”。落实节水“三同时”制度，限制高耗水、高污染产业的发展。研究制定节约用水政策体系，推行阶梯水价，实施节水改造补助。继续实施用水定额管理，严格用水计量与考核，奖励节水先进，处罚超计划用水单位与个人。重点耗水企业强制推行清洁生产，实施节水改造，提高工业用水循环利用率，大幅度降低工业增加值新鲜耗水量。新建项目加强清洁生产水平和节水效益的评估，杜绝新建节水水平低于全国平均水平的项目。根据《昆明市城市（主城）节约用水专业规

划（2006—2020 年）》，到 2010 年，单位工业增加值新鲜水耗 27.5 m^3/万元；节水型企业（单位）覆盖率≥15%，工业用水重复利用率≥75%，与 2006 年用水量相比，可节约用水量 693.45 万 m^3/d；到 2020 年，万元工业增加值取水量的年降低率≥5%或低于全国平均值 50%，单位工业增加值新鲜水耗≤20 m^3/万元，节水型企业（单位）覆盖率≥45%，工业用水重复利用率≥85%，与 2010 年用水量相比，可节约用水量 417 万 m^3/d。

9.1.2.2 引导、鼓励城镇居民开展节约用水

将节约用水考核指标纳入国民经济与社会发展规划中，严格进行节约用水考核。制定、完善节水法规和规章。在第三产业和社会家庭中推广节水设施、器具。禁止生产、销售高耗水、淘汰型用水器具；不定期向社会公布“节水型用水器具名录”和“明令淘汰型用水器具名录”。采用政府补贴方式为用水客户更换节水型设施与器具。加强节约用水宣传、教育和引导，形成全社会共同参与节水工作的氛围。根据《昆明市城市（主城）节约用水专业规划（2006—2020 年）》的目标，居民人均生活用水指标由 2006 年的 152 L/(人·d)下降至 2010 年的 137 L/(人·d)，居民生活节水量达到 142.08 万 m^3/d；2020 年居民人均生活用水指标 109 L/(人·d)，居民生活节水量达到 440.5 万 m^3/d。见表 9-1。

表 9-1 节水及污水再生利用目标表

指标项目	规划目标	
	2010 年	2020 年
居民人均生活用水/（L/d）	＜137	符合国家居民生活用水量标准
万元 GDP 取水量	年降低率≥5%或低于全国平均值 50%	年降低率≥5%或低于全国平均值 50%
万元工业增加值取水量	年降低率≥5%或低于全国平均值 50%	年降低率≥5%或低于全国平均值 50%
工业取水量指标	达到《工业企业取水定额》（GB/T 18916）系列标准要求	达到《工业企业取水定额》（GB/T 18916）系列标准要求
城市供水管网漏损率	在 2006 年基础上降低 5 个百分点	≤8%
节水器具普及率/%	100	100
工业用水重复利用率/%	≥75	≥85
节水型企业（单位）覆盖率/%	≥15	≥45
城市污水再生利用率/%	≥20	≥90

指标项目	规划目标	
	2010 年	2020 年
城市污水处理率/%	≥80	≥90
工业废水处理达标率/%	100	100
非常规水资源替代率/%	开展雨水拦蓄示范工程建设	达到 5%

资料来源：《昆明市城市（主城）节约用水专业规划（2006—2020 年）》（中国市政工程西南设计研究院，昆明市计划供水节约用水办公室，2006 年 5 月）。

9.1.2.3 继续开展污水再生利用设施建设

（1）积极开展建筑再生水和住宅小区分散式污水处理再生利用

在规划的城市污水集中处理再生利用区域外的地区，新建工程项目符合建设条件的必须同期配套建设分散式再生水利用设施，已建成使用的项目具备建设条件的必须有计划地分期建设。切实落实节水“三同时”制度，对新建、改建、扩建项目严格执行节水“三同时”制度，使节水设施与主体工程同时设计、同时施工和同时建成使用。到 2010 年，全市分散式再生水利用设计处理能力达到 6.50 万 m^3/d；2020 年，全市分散式再生水利用设计处理能力达到 11.50 万 m^3/d，力争达到 16.50 万 m^3/d，所有分散式再生水利用设施设计能力利用率达到 90%以上。

（2）实施城市污水集中式再生利用

实施城市污水处理厂尾水深度处理再生利用工程建设，充分利用再生水作为城市河道和湖面景观补给水源、城市市政用水、单位绿地用水、工业冷却用水、车辆清洗和农田浇灌等用水。近期考虑在昆明市主城区建设 7 座污水再生水处理厂，主要对现行的 7 座污水处理厂出水进行深度处理，并逐步建立与城市水系统相协调的城市再生水利用的管网系统。到 2010 年，昆明市主城区污水处理厂再生水规模达到 59.5 万 m^3/d，城市污水再生利用率达到 20%以上，再生水利用水量达到 2 190 万 m^3/d；2020 年，昆明市主城区规划污水再生水处理规模达到 87.0 万 m^3/d，实现新建、扩建、改建的城市污水处理厂污水再生利用率＞90%；城市杂用水（城市公共绿地浇洒、道路清扫和车辆冲洗）使用再生水比例大于 75%，再生水利用水量达到 4 380 万 m^3/d。

9.1.2.4 制定出台推进节约用水、再生水产业发展的扶持政策

有效利用价格杠杆和经济手段，制定地方性节水法规和相关的激励机制，提高企业对治污减污的积极性，制定有利于节水和再生水利用的技术政策和经济政策，强制使用节水产品和技术，推进全社会的节水工作，提高全社会的节水意识。从政策、资金、税收、技术、设备等方面给予再生水产业发展扶持，在昆明市建

立规模化企业再生水生产和供水基地。

9.1.3 加大城镇污水的收集与集中处理力度

昆明市点污染源中80%以上的污水及主要的污染负荷来自城镇生活污染，因此加大城镇污水收集及处理力度及处理效率对提升昆明市水环境承载力具有非常重要的作用。

9.1.3.1 大力推进城镇及环湖截污管网建设

主城区城中村改造中，应考虑重新布设污水收集管道，严格采取污水分流制。加快实施滇池北岸工程截污管网建设工程，提高现有污水处理厂收集及处理能力。完成城东南片区清污分流排水管网建设；启动城西片区排污管网改造与整治工作。完成草海西岸B段截污管及庄房村污水泵站土建工程，完成官宝路A段污水干管建设；开工实施草海东岸南段截污管以及新、老运粮河截污管，开工实施张官营泵站盘龙江进水管、盘江东路（第四污水处理厂至第五污水处理厂）合流污水转输管、教场路污水管以及张官营泵站建设，开工实施金汁河截污管、东二环污（雨）水管以及菊花村泵站建设，开工实施环湖东路一段、官宝路B段污水干管，管道铺设新增9 000 m。

呈贡新区及空港经济区排水体制应严格执行分流制，污水收集管网应与相关建设工程同时规划、同时施工，污水收集干管应与道路同时施工，避免今后二次开挖。继续推进呈贡新城240 km污水管网及处理系统建设。

昆明市15个开发区与工业园区应结合生态化改造，应进一步实施污水收集管网的改造与建设，园区排水实行雨污分流，采取集中与分散相结合方式进行污水处理，确保到2010年所有建成园区污水处理达标排放率达到100%。

9.1.3.2 全面推进城市污水处理厂新、改、扩建工程建设进度

昆明市应按一级标准A标准制定出台城市污水收集处理系统提升方案。完成主城区现有6个城市污水处理厂，安宁市、呈贡县、晋宁县污水处理厂配套脱磷、脱氮工艺，确保达到城镇污水处理一级标准A排放标准。加快实施第七污水处理厂建设工程。启动4万t/d呈贡南污水处理厂和8万t/d呈贡北污水处理厂建设工程。改造现有呈贡污水处理厂，增加脱磷、脱氮、消毒处理装置，排水达一级标准A标准。开工建设滇池流域乡镇污水处理站14座，处理能力3万t/d；滇池流域一级保护区内建设污水处理站114座，处理能力5 000 t/d；流域其他区域共建设污水处理站109座，污水处理能力1.42万t/d。全市新建、在建和现有污水处理厂要配套脱磷、脱氮工艺，确保达到城镇污水处理一级标准A排放标准。

加紧富民县、禄劝县、东川区、宜良县、嵩明县、寻甸县县城污水处理厂及

配套管网的建设，完善安宁市、石林县、晋宁县、阳宗海污水处理厂配套工程及截污管网。

9.1.3.3 污水处理厂出水的深度处理

加快现有城市污水处理厂深度处理与消毒处理设施建设，确保城市污水处理厂出水达标再生回用。启动 3 座城市污水处理厂洒水车集中加水站建设工作。再生水回用于城市绿化与道路保洁。启动城市污水处理厂污泥综合处理工程建设。完成现有全部污水处理厂（共 9 座）在线监测设备安装，并与昆明市环境监控中心联网。强化污水处理厂排水、恶臭、噪声、污泥的环境监测与环境监察工作，及时整改、确保达标。提倡有条件的县（市）区开展再生水回用工作。

9.1.4 开展外流域引水、调水工程

昆明市属于缺水地区，而水量时空分布极不均匀，昆明主城区、呈贡新城、空港经济区属于昆明市社会经济较为发达的区域，人口相对集中，是云南省现在及未来发展的核心区域，也是缺水最为严重的地方和水环境污染极为严重的区域，而禄劝、寻甸及嵩明等地水源相对丰富，区域县区也能满足当地生产生活及发展所需。通过外流域引水能够增加昆明市尤其是滇池流域的水资源量，提高水资源承载力和水环境容量，改善水环境质量。近年来昆明市实施了掌鸠河引水工程和清水海引水工程，掌鸠河引水工程已建成通水；目前牛栏江—滇池补水工程的规模及技术方案已基本确定。

根据中国水电顾问集团昆明勘测设计研究院及云南省水利水电勘测设计研究院于 2008 年 10 月编制完成的《牛栏江—滇池补水工程可行性研究报告》资料，牛栏江—滇池补水工程的首要任务是补充滇池的生态用水，牛栏江每年将向滇池补水约 6 亿 m^3，虽仅占牛栏江年总径流量的 13%，但年补水量已大大超过滇池流域一年 5.4 亿 m^3 的水资源总量，基本能够满足滇池补水所需水量。经论证，引牛栏江补水滇池，加上滇池环湖截污、入湖河道整治、农村面源治理、生态修复与重建、底泥疏浚等滇池治理工程措施实施到位，使得滇池水环境有望得到明显改善，到 2020 年可使滇池外海达到Ⅳ类、草海水质达到Ⅴ类的水环境目标。

9.1.5 调整产业结构和布局，转变经济增长方式

9.1.5.1 调整工业结构，发展“两高两低”产业

目前昆明市经济存在传统工业比重高，信息产业、光电子产业、生物医药等新兴产业发展落后，传统冶金、化工、能源等产业的工艺和技术装备水平落后、企业能耗较高、单位产品排污量较大、集中发展程度较低等问题。为了实现经济

发展方式的根本性转变，逐步形成经济与环境协调发展的新模式，要大力发展高技术、高效益、低消耗、低污染的“两高两低”产业，坚决限制和逐步淘汰工艺水平低、能耗高、污染重的工业企业，加速发展占用资源少、环境污染少、附加值高的高技术产业，积极利用高新技术改造和提升烟草、冶金、机械、花杆、能源等传统工业，积极发展软件业、光电子、生物医药等新兴产业。坚持“低投入、高产出，低消耗、少排放，能循环，可持续”的新型工业化道路。

表 9-2 列出了昆明市用水量和水污染排放量最高的 5 个行业，它们的废水及化学需氧量的排放量分别占到了工业排放量的 79%和 80%。洛伦兹曲线分析结果也表明，造纸及纸制品业、纺织业、食品制造业的废水排放量的贡献率很大，而相应的工业增加值贡献率却很小，属于高排放、低产出的行业；从减少昆明市水环境压力的角度分析，应该限制这些行业的发展。而医药制造业、烟草制品业等行业属于低排放，高效益的行业，应该鼓励发展。要根据昆明市不同区域环境承载力及环境现状，及时调整和发布鼓励类项目、限制类项目名录。

表 9-2 昆明市水耗及排污量最高的行业

排名	工业用水量		废水排放量		COD 排放量	
	行业	占工业用水总量的比例/%	行业	占工业废水排放量的比例/%	行业	占工业 COD 排放量的比例/%
1	电力、热力的生产和供应业	37.68	黑色金属冶炼及压延加工业	41.4	黑色金属冶炼及压延加工业	39.2
2	黑色金属冶炼及压延加工业	29.50	化学原料及化学制品制造业	16.1	化学原料及化学制品制造业	22.3
3	化学原料及化学制品制造业	25.54	造纸及纸制品业	13.5	造纸及纸制品业	9.7
4	有色金属冶炼及压延加工业	3.60	有色金属矿采选业	4.4	有色金属冶炼及压延加工业	4.9
5	造纸及纸制品业	1.18	有色金属冶炼及压延加工业	3.5	农副食品加工业	3.97
总计	—	97.5	—	78.9	—	80.07

9.1.5.2 优化工业布局，积极引导产业向工业园区集中

依托各县（市）区区位优势、资源优势和环境容量现状，有限选择确定重点发展产业。高新区以促进技术进步、增强创新能力为目标，重点发展新材料技术、生物技术、光机电技术等产业；经济开发区以打造产业结构合理的综合性产业园区为目标，重点发展装备制造、烟草及配套、生物制药、光电子信息、加工贸易等产业；呈贡要依托行政和教育资源，高标准、高起点规划发展现代制造业，积极发展生物制药和食品工业；安宁要依托现有工业基础，促进重化工及冶金工业向规模化、集团化、精细化方向发展；晋宁、宜良、石林及北部五县区要轻重兼顾，轻工业以食品加工、旅游产品开发等为主，重工业以精细磷化工、建材和新型能源等为主。

加快工业园区建设，促进工业向园区集中集群发展。要严格按照环境准入条件审批入园项目。

9.1.5.3 对开发区及各工业园区的生态化改造

严格实行园区生态建设与其他基础设施建设同步进行的原则，引导各类园区开展生态工业园建设，通过生态化调整和改造建设，延长产业链，促进园区内部和园区间企业纵向与横向补链和耦合，拓展产业发展空间、降低消耗、减少污染，提高产业整体水平。

按照昆明市环境保护局于 2008 年 10 月编制完成的《昆明市开发区及工业园区生态化改造建设方案（2008—2013 年）》提出的目标，通过生态化改造，确保到 2010 年：各开发区及工业园区完成下达的节能减排指标；所有建成园区污水处理达标排放率达到 100%；全市开发区及工业园区万元 GDP 水耗比 2006 年下降 80%，再生水利用率提高到 50%；2013 年，全市开发区及工业园区有关节水减污指标全部达标。

9.1.5.4 调整农业结构和布局

为降低农业面源污染和畜禽养殖污染，要加快农业结构和布局调整：严格执行昆明市政府昆明市政府制定的 “一湖两江”流域水环境治理“四全”工作行动计划（四全：全面截污、全面禁养、全面绿化和全面整治工作），在主城规划控制区 620 km^2，呈贡新城规划控制区 160 km^2，滇池环湖公路面湖一侧（含水面）出入滇池 36 条河道及河道两侧各 200 m（除主城规划区、呈贡新城规划区以外的 9 个县市（区）城区的规划范围）以及流经县（市）区域的河流及河流两侧各 200 m 范围内，集中式饮用水水源地，所有湖泊和水库等禁止新建、扩建畜禽养殖场（户）和养殖小区。2010 年前，滇池环湖 400 m 范围内全部实施“四退三还一护”，即退田还林、退鱼（塘）还湿、退房还岸、退人护水，2 km 范围内禁止从事养殖活

动。到 2020 年，核心区内基本上不再直接从事农耕活动。对暂未退出和核心区以外的地区要以生态高效农业和节水农业为主要方向，加强传统农业的现代化改造，实现高产、优质、高效、低耗生产。发展精品蔬菜、花卉苗木、优质草坪等产业，建设精品农业和旅游农业。把农副产品的精深加工作为发展方向，在省级、市级工业园区设立农副产品加工区，增加农业附加值，促进农业发展的产业化、园区化和规模化。

9.1.6 大力推进重点流域水污染防治

9.1.6.1 滇池流域水污染防治

强力推进滇池污染治理。认真落实《滇池流域水污染防治规划（2006—2010年）》，树立中长期治理思想，继续坚持“污染控制、生态修复、资源调配、监督管理、科技示范”防治方针，坚定不移地抓环湖截污、环湖生态、入湖河道治理、底泥疏浚、水源地保护、外流域引水“六大工程”。坚定不移地抓滇池及河道沿岸退塘还湖、退田还林、退房还湿、退人护水，确保 2010 年前完成 32 km^2“四退三还”任务。坚定不移地抓 35 条入滇池河道综合整治工程，强化城市内河截污、清淤和河岸整治，努力恢复河道生态和景观功能。坚定不移地抓“一湖两江”流域全面截污、全面禁养、全面整治、全面绿化“四全”工作，综合运用经济、法律和必要的行政手段，开展全面、系统、科学、严格的污染治理。

9.1.6.2 牛栏江流域水污染防治

严格限制引进高耗水和水污染型建设项目，严格实施区域总量控制。加强重点工业源在线自动监控网络建设。加强流域水污染综合防治。工业园区、县城污水实现集中处理。加强流域面源污染防治，大力推行低化肥、农药施用农业。强化农村生产、生活废水分散治理工作，使牛栏江水体保持Ⅲ类水质，达到功能要求并确保牛栏江引水工程水质满足滇池水环境保护的要求。

9.2 提升大气环境承载力的对策

9.2.1 严格实施总量控制

按照昆明市政府与云南省环境保护局签订的《昆明市“十一五”主要污染物治理削减目标责任书》，到 2010 年昆明市二氧化硫排放总量控制目标为 8.9 万 t，在 2005 年的基础上削减 1.91 万 t，削减率 17.67%。其中火电行业二氧化硫排放量不超过 1.86 万 t。

如果能够保证总量控制目标的实现，将大大降低昆明市二氧化硫的排放量，减轻昆明市大气环境的压力，大幅提升大气环境的承载力。

要依靠淘汰落后生产能力腾出总量，依靠清洁生产削减总量。新项目建设中依靠产业结构调整和优化发展降低总量；重点项目建设中，依靠“以新带老”消化总量。有效控制新污染源的产生。对超过污染物排放总量指标、环境质量不达标的区县，暂停审批该县区新增污染物排放总量的建设项目。

9.2.2 大力推进节能减排，转变经济增长方式

发展高新产业和低能耗、低物耗产业，从根本上解决结构性大气污染。火电项目清洁生产水平应达到国家清洁生产标准中的国内先进水平。对化工、有色冶金、钢铁、火电、建材五大耗能行业和企业实行单位产品能耗限额管理，严格控制高耗能项目的审批。对于二氧化硫排放量高而工业增加值贡献率却很小的行业，如非金属矿物制品业和化学原料及化学制品制造业，应该限制其发展。制定实施高耗能企业改造计划，推进高耗能、低附加值、不符合产业政策的企业退出，重点发展高科技含量、高附加值、低污染、低资源消耗的环境友好型企业。

严格按照环境准入条件审批新建项目，提高环保准入资格。在高污染燃料禁燃区范围内禁止新建、扩建、改建使用高污染燃料的设施。

9.2.3 加强对重点行业和重点污染源的防治

9.2.3.1 控制电力行业污染物排放

电力行业是二氧化硫主要的污染源，而且火电行业的二氧化硫排污强度远远高于国家平均水平，减排潜力大。对列入国家发改委关停小火电机组名单的核准新建项目要求关停的小火电机组，必须按期关停；拟建和新（扩）建燃煤机组必须按规定同步建设脱硫设施或采取其他降低二氧化硫排放量的措施，拟建和在建现役发电机组烟气脱硫项目应按期开工、建成并确保稳定运行；强化现役燃煤电厂脱硫设施建设和运行监管，所有燃煤脱硫机组都要安装烟气自动在线监测系统，对脱硫设施运行情况实施实时监控。到 2010 年，重点开展国电集团云南阳宗海发电有限责任公司、中国华电集团云南昆明发电厂、昆明钢铁集团有限责任公司三家企业的脱硫设施改造建设工程，减少二氧化硫排放量 5.48 万 t/a，其中火电行业二氧化硫排放量不超过 1.86 万 t；到 2020 年，继续对重点大气污染型企业进行脱硫和除尘设施设备的改造重建，二氧化硫排放量在规划一期的基础上再削减 2.5 万 t，达到全市二氧化硫排放总量控制在 8.9 万 t 的总量控制目标。

9.2.3.2 控制工业炉窑排放

按照国家经贸委要求，分期分批淘汰高能耗、重污染的各类工业炉窑，积极发展低能耗、轻污染或无污染的炉窑，工业炉窑应优先考虑使用电、气体燃料等清洁能源。规划一期，取缔高污染燃料禁燃区内 4 t/h（含 4 t）以下没有使用清洁燃料的燃煤锅炉，城区大力推广使用清洁能源和低污染燃料（轻质柴油、煤气、液化气等），大力推广太阳能等可再生能源。

9.2.4 推广清洁能源

加大城市燃气供应设施配套建设力度，提高城市管道燃气供应普及率。在普及全市气化率的前提下，在工业及民用行业大力推广使用清洁能源和低污染燃料（轻质柴油、煤气、液化气等），发展太阳能产业，推广太阳能等可再生能源，使太阳能等清洁能源的使用进入城市建设和工业发展的法制化轨道，得以在全市范围推广。

9.2.5 机动车尾气污染控制

通过实行逐步加严的排放标准对新车排放进行控制。昆明市作为“四创”城市，应分阶段逐步提前于全国一般地区加严实施新生产和投入使用的机动车辆排放标准，改善机动车污染物排放状况，从而有效降低机动车保有量快速增长引起的大气环境污染。

加强以机动车环保定期检测为核心的机动车尾气污染防治工作。完善机动车排放污染监督管理体系，制定机动车排放污染管理地方性法规；实施机动车环保合格标志管理制度，推行机动车环保准入制度，不达标车辆不得上路行驶；强化机动车排放路（抽）检和停放地检测，市区二环路以内二冲程摩托车、燃油助力车禁止上路行驶；制定经济政策，鼓励市民购买低排放车辆；大力发展城市公共交通，通过增加公交车辆数量和公交线路，扩大公交线网覆盖率，方便市民乘坐公交车，提高公交出行分担率。改善道路交通系统，通过发展公共交通，加强道路建设，完善道路系统，缓解城市交通拥堵。

9.2.6 加强交通扬尘及施工扬尘控制

可吸入颗粒物排放分布情况显示，交通扬尘、工业点源及裸露面扬尘占可吸入颗粒物总量的 90%以上，可吸入颗粒物污染防治的重点是交通扬尘和工业点源排放以及裸露面扬尘。因此，应进一步改善道路质量，严格交通管理，减少进入道路的尘土、减少扬尘降尘、严格控制道路遗撒，整修道路并同时发展机扫以及洒水技术，控制交通扬尘；利用围挡、道路硬化、覆盖、车辆清洗等措施控制施工扬尘，加强施工现场管理，实行施工工地无组织排放申报制度，控制施工扬尘；通过建地下或地面封闭式料库、采用表面化凝结剂或土壤凝结剂、洒水、覆盖、料堆间道路铺装等方法控制料堆扬尘；加强城市绿化，减少裸露面，减少自然扬尘；严格采石厂管理，限制采石厂的开采方式，减少采石场扬尘。

9.3 提升生态环境承载力的对策

9.3.1 合理布局和优化城市空间布局，提高土地的集约化利用程度

以主城为核心，以交通走廊为轴线，实行多轴向拓展、网络化开发，实施“543倍增计划”，加快县城和中心镇建设，形成“中心城市、二级城市、三级城镇、重点镇、一般镇”五级配置的城镇体系。科学划分“禁止建设区、限制建设区、适宜建设区”，推动城市发展模式由“单核心圈层蔓延式”向“多中心轴向组团式”转变，形成多极带动的网络城市框架。对主要的经济发展区，应在优化产业结构和空间布局的基础上，提高用地强度和标准，促进土地集约利用，提升单位用地的经济效益。按照昆明市《关于进一步加快推进新型工业化的实施意见》（昆通[2008] 43号），进入国家级开发区的项目，投资强度原则上不低于300万元/亩，工业产值原则上不低于500万元/亩；进入省、市级工业园区的项目，投资强度原则上不低于150万元/亩，各产业产值原则上不低于400万元/亩。

9.3.2 提高生态用地比例

生态用地有如城镇的“肝脏”，是解毒排毒、维护健康的生态系统。“提高生态用地比例”包括以下三方面：一是加大各类基础性生态用地的保护力度。对于城镇内原有的风景名胜区、自然保护区、主干河流、湖泊、水库、湿地、绿地等，加大保护和管制力度，严禁各项建设占用。对于城镇内部的农用地，也要加大保护力度，充分发挥其生态、隔离、景观等功能，防止城市无序蔓延。二是加大城镇内部的生态建设。因地制宜建设大型集中连片的绿色开敞空间，作为区域和城镇大型氧源绿地和生态支柱。充分利用耕地、园地、林地等农用地，建设大型城市绿廊，连接城镇组团和各类生态系统，有效控制建设用地蔓延，优化城市空间发展形态，改善城市空气污染状况，缓解热岛效应。加强城市公共绿地、附属绿地、生产防护绿地等各类绿地建设，合理布局，为市民提供各类游憩场所和应急避难开敞空间。三是构建合理的生态用地空间布局。科学运用景观生态学等原理，

整合现有生态用地资源，通过合理布局，发挥生态用地的最大功能。

9.3.3 全面绿化，拓展生态环境容量

树立“市政工程园林化，园林绿化市政化”的理念，按照“城市园林化、城郊森林化、道路林荫化、农田林网化、村镇（村庄）花园化”的要求，点、线、面结合，全面推进市域范围内城镇规划区、河流流经水域、湖泊、饮用水水源地、水库等的全面绿化，最大限度地扩大绿化空间，增加绿化总量。

对已有的公园、广场、绿地、绿带，按照三个 80%的要求增绿补绿，对道路、街巷、庭院、围墙、立交桥、高架桥等区域做到绿化无盲区、全覆盖。强化五采区、石漠化及难造林地、城乡河道沟渠、交通沿线、重点水源区、湖泊、水库径流区绿化造林建设，用 3 年时间使城市面山荒山绿化率达到 85%以上，交通沿线公路绿化率达到 90%以上。

10 主要研究结论

（1）昆明市工业化及城市化发展特征表明：昆明市总体上还处于工业化中期的初级阶段，工业化远未完成。工业产业集中度高，区域发展不平衡。工业结构不合理，重化工比例过大，资源加工型工业占主导地位，对自然资源依赖性强，产业链条不长，产品附加值低。未来相当长的一段时期内，昆明市工业发展对基础资源和能源、环境容量的需求还将进一步增加。

昆明市目前的城市化率为 59%，处于城市化加速发展阶段。昆明市城市化进程在空间上表现出强烈的“向心性”，城乡之间、地区之间发展差别巨大，二元结构明显。中心城区功能过分集中使主城区环境负荷过重，环境问题突出。

昆明市工业化及城市化发展特征表明了昆明市环境正面临着产业及城市化快速发展带来的巨大压力以及经济发展与资源环境压力不均衡的问题。

（2）昆明市面临的主要环境问题是：①水污染问题突出，水环境形势严峻；②大气污染呈上升趋势，城市空气质量下降；③固体废弃物无害化处置率低，存在卫生及安全隐患；④农村环境问题日渐突出；⑤生态环境质量下降，自然灾害频发。

（3）总体来说，昆明市水耗、能耗水平低于全国平均水平，但扣除烟草业后，水耗、能耗水平则远远高于全国及全省的平均水平；昆明市化学需氧量排放强度较低，已经达到生态市及综合类生态工业园区的控制标准，但二氧化硫排放强度较高，尤其是火电行业的排污强度远高于全国平均水平。

（4）昆明市环境承载力的状况不容乐观，水污染严重，水环境总体处于超载状态，昆明市主城区及滇池流域处于严重超载状态；大气环境尚有一定容量，但分布不均，昆明市主城区、安宁、宜良及东川的部分区域大气环境处于超载状态；昆明市的生态足迹已经远大于其对应的生态承载力，并且生态赤字逐年扩大，生态环境承载力明显不足，经济发展与资源利用正处于不可持续状态。

（5）昆明市未来环境压力预测分析表明，随着未来人口持续增长和经济的快速发展，在维持现状排放水平和治理水平的情景下，水污染物及大气污染物的排放量将成倍增加，环境压力巨大，水及大气的环境容量均可能超过其承载力水平，这种发展模式将难以为继。若通过产业结构优化、节能降耗、加强污染治理和环境基础设施的建设等手段实现污染排放系数的降低，则可以大大降低污染物的排放量，即使在人口及经济大幅增长的情景下，仍可以将水污染物的排放控制在现状甚至更低的排放水平，大气污染物的排放控制在容量范围内，实现“增产不增污”、甚至“增产减污”，达到经济发展与环境保护的协调统一。

（6）目前几乎所有的工业园区都已经没有水环境容量，大气环境容量的状况则相对乐观，除宜良工业园区、安宁工业区、东川再就业特色产业园区的碧谷、四方片区外，其他工业园区目前大气环境质量良好，大气环境容量可以满足发展要求。水环境容量的缺乏将成为昆明市产业发展的最大环境约束条件。

不同情景分析结果表明：在其他条件保持不变的情景下，降低工业排放强度10%～20%，则水环境容量可支撑的工业增加值将能够提升12%～25%；大幅降低工业及农业面源污染物的排放量，提高城镇污水处理率和污水处理厂的运行效率，就能够大幅提升水环境可承载的城镇人口数量。

（7）根据各区县环境承载力的现状评价，以化学需氧量为控制指标，将昆明市水环境承载力管制分区分为中承载力区、超载区、严重超载区三类，根据各区的承载力现状制定不同的管制策略和环境准入标准；大气环境以二氧化硫为控制指标将管制分区分为高承载力区、较高承载力区和低承载力区，并制定了相应的管制策略及准入标准。

（8）提升水环境承载力的主要对策包括：总量控制、发展低水经济、打造节水社会、加大城镇污水的收集与处理力度、开展外流域引水调水工程、调整产业结构、转变经济增长方式、大力推进重点流域的水污染治理等；提升大气环境承载力的主要对策包括：实施总量控制、大力推进节能减排、转变经济增长模式、加强重点行业和重点污染源的防治、推广清洁能源、机动车尾气污染控制等；提升生态环境承载力的对策包括：合理布局和优化城市空间布局、提高土地的集约化利用程度、提高生态用地比例、全面绿化、拓展生态环境容量等。

参考文献

[1] 彭再德，等. 区域环境承载力研究初探[J]. 中国环境科学，1996，16（1）：6-10.

[2] 郭秀锐，等. 国内环境承载力研究进展[J]. 中国人口·资源与环境，2000，10（3）：28-30.

[3] 唐剑武，郭怀成，叶文虎. 环境承载力及其在环境规划中的初步应用[J]. 中国环境科学，1997，17（1）：6.

[4] 高吉喜. 可持续发展理论探索[M]. 北京：中国环境科学出版社，2001.

[5] 彭再德，杨凯，王云. 区域环境承载力研究方法初探[J]. 中国环境科学，1996，16（1）：6-9.

[6] 刘晓丽，等. 城市群资源环境承载力研究进展及展望[J]. 地理科学进展，2008，27（5）：35-42.

[7] 云南省水利厅. 2007年云南省水资源公报[N]. 2008.

[8] 昆明市环境保护局. 昆明市环境质量报告书（2007年度）[N]. 2008.

[9] 王民良，等. 上海市大气环境承载能力研究[J]. 上海环境科学，1996，4：16-21.

[10] 刘殿生，等. 资源与环境综合承载力分析[J]. 环境科学研究，1995，8（5）：7-12.

[11] 崔凤军. 城市水环境承载力及其实证研究[J]. 自然资源学报，1998，13（1）：58-62.

[12] 郑国强，等. 长江下游沿江地区区域环境承载力对土地利用变化的响应[J]. 生态学杂志，2004，23（1）：16-19.

[13] 毛汉英，余丹林. 环渤海地区区域承载力研究[J]. 地理学报，2001，56（3）：363-371.

[14] 余春祥. 可持续发展的环境容量和资源承载力分析[J]. 中国软科学，2004，2：130-133.

[15] 中国科学技术协会. 中国城市承载力及其危机管理研究报告[M]. 北京：中国科学技术出版社，2008：114-115.

[16] 中国环境规划院. 全国水环境容量核定技术指南[A]. 2003.

[17] 刘丽萍. 基于生态足迹分析的滇中城市群可持续发展评价[J]. 中国人口·资源与环境，2008，18（5）：120-121.

[18] 张绍修，等. 成都市生态足迹动态分析[J]. 农业现代化研究，2008，28（2）：218-219.

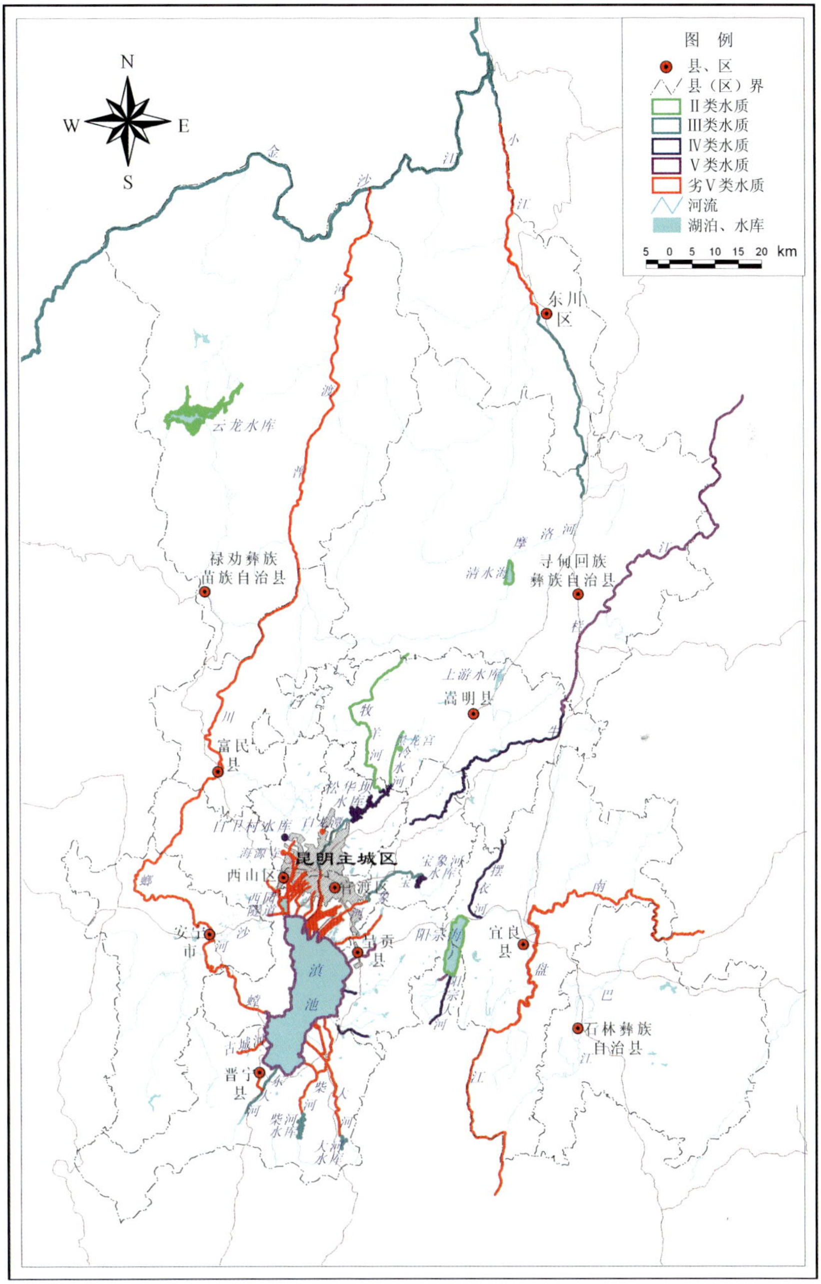

彩图 3-1　昆明市 2007 年地表水水质监测现状图

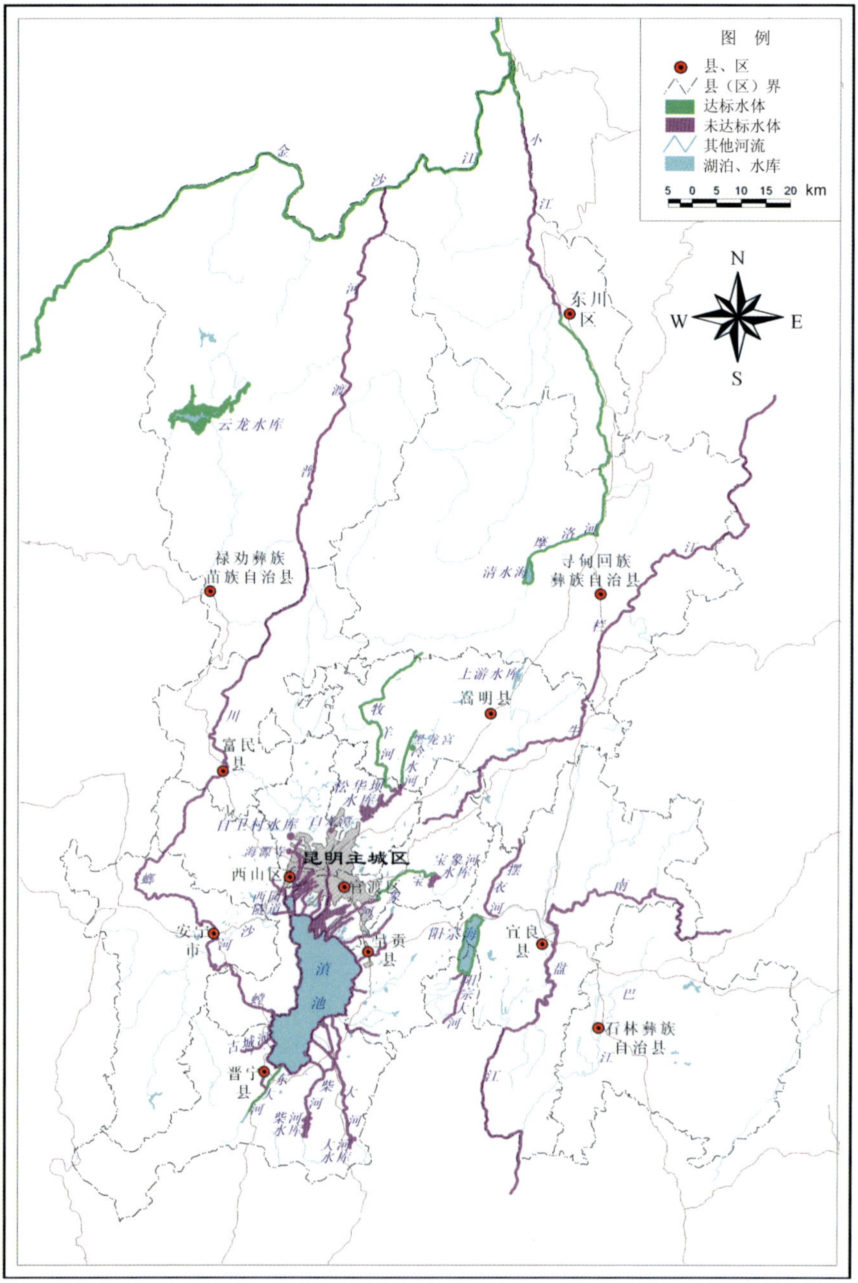

彩图 3-2 昆明市 2007 年地表水水质监测达标状况示意图

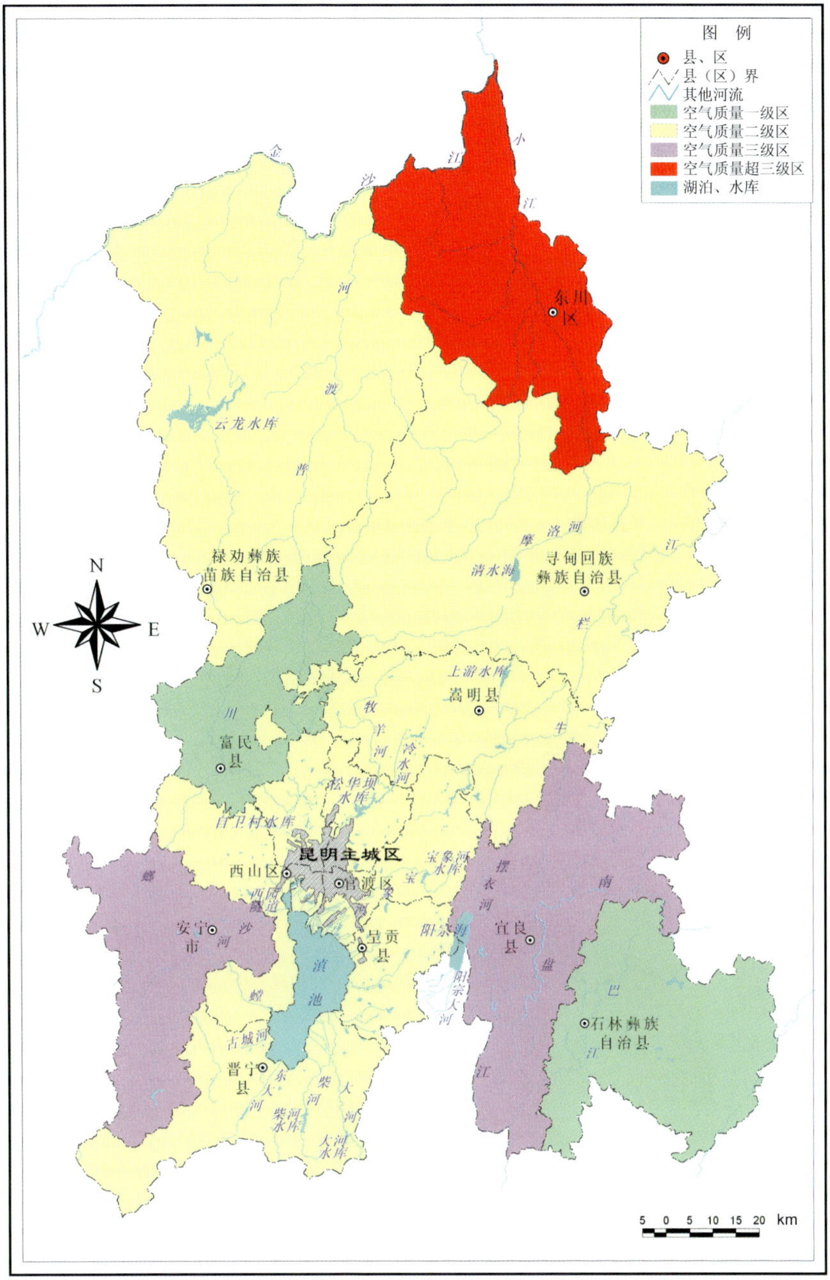

彩图 3-3　昆明市 2007 年环境空气质量状况图

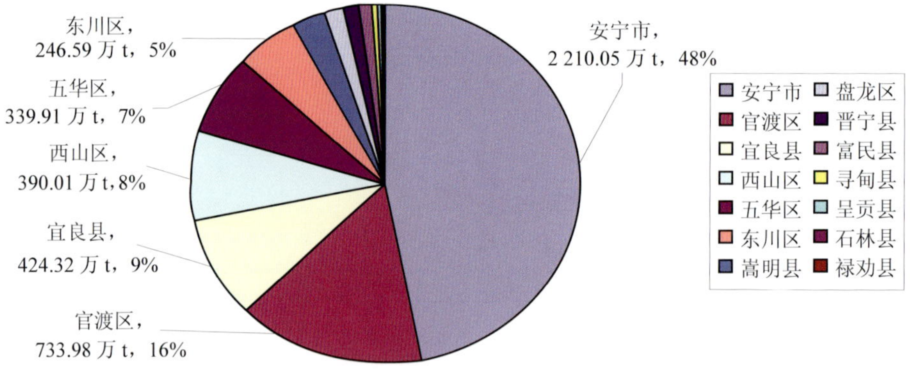

彩图 3-4 2007 年昆明市各区县工业废水排放情况

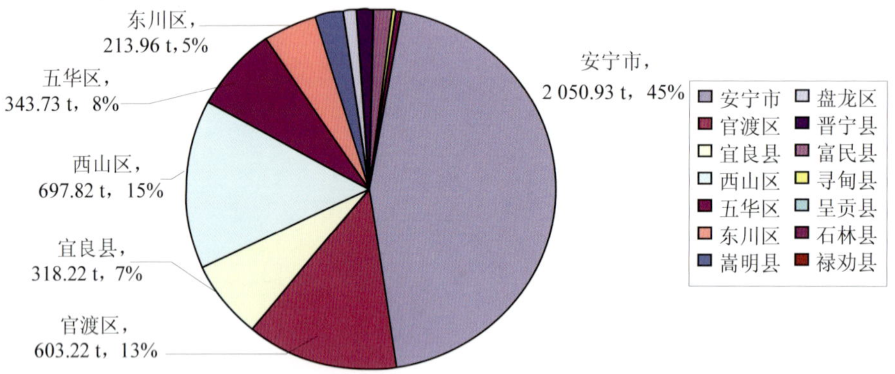

彩图 3-5 2007 年昆明市各区县工业化学需氧量排放情况

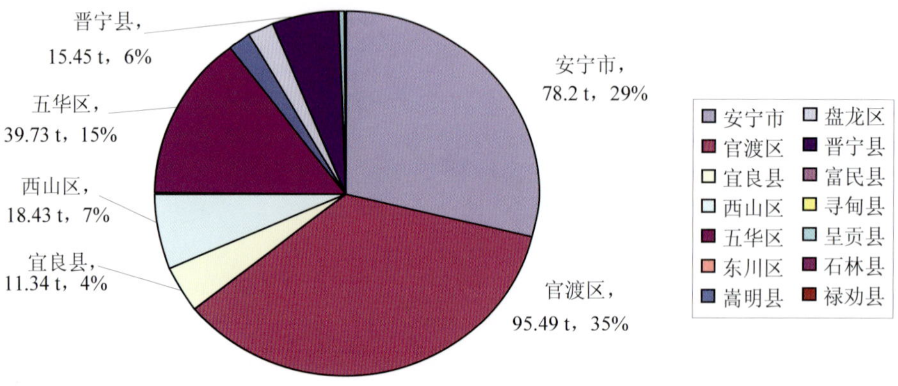

彩图 3-6 2007 年昆明市各区县工业氨氮排放情况

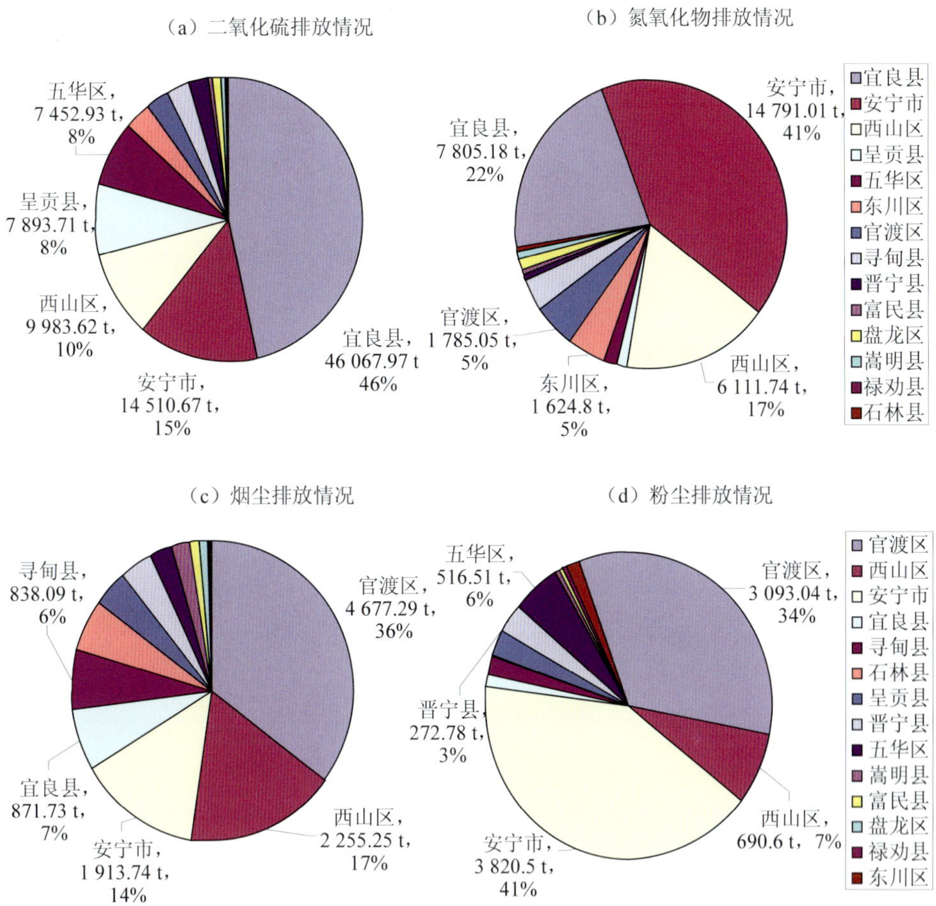

彩图 3-7　2007 年昆明市大气污染物排放情况（工业源）

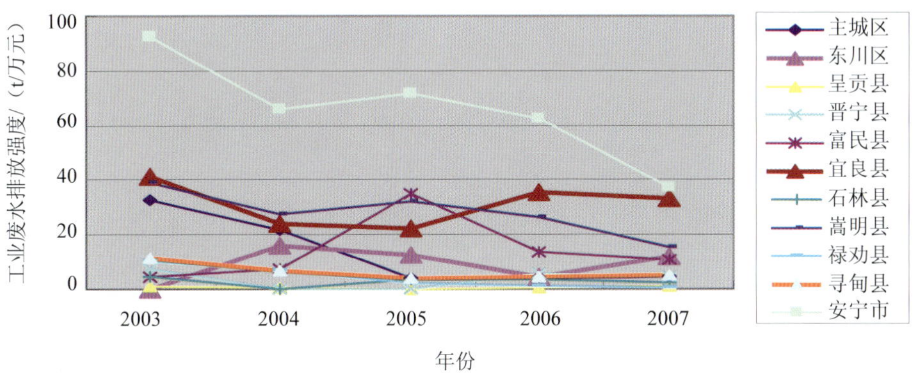

彩图 4-1　昆明各县市工业废水排放强度趋势变化

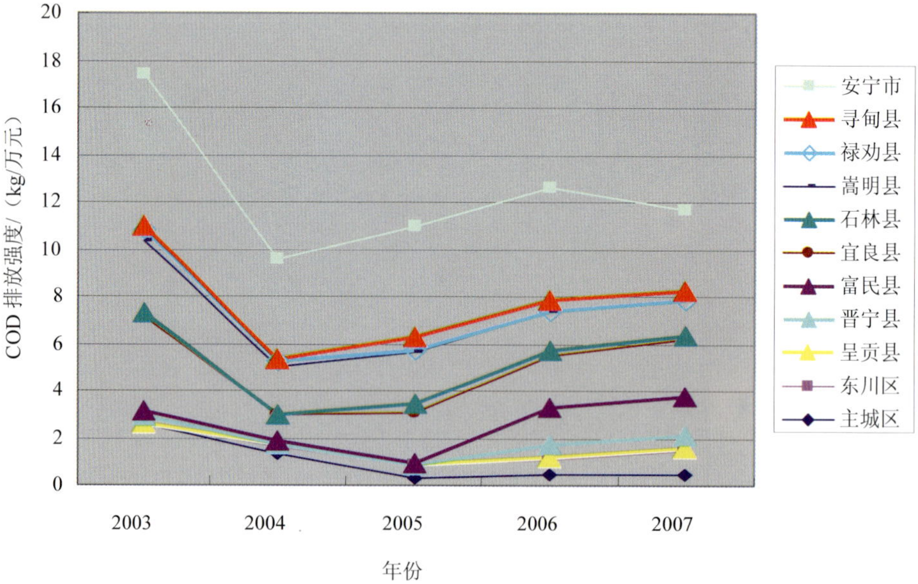

彩图 4-2　昆明各县市 COD 排放强度变化趋势

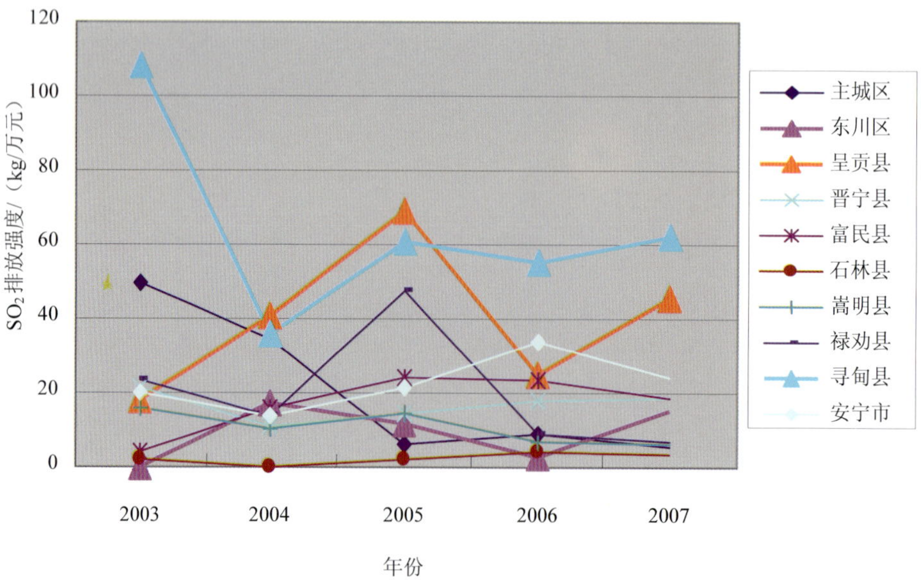

彩图 4-3　昆明各县市 SO_2 排放强度趋势变化

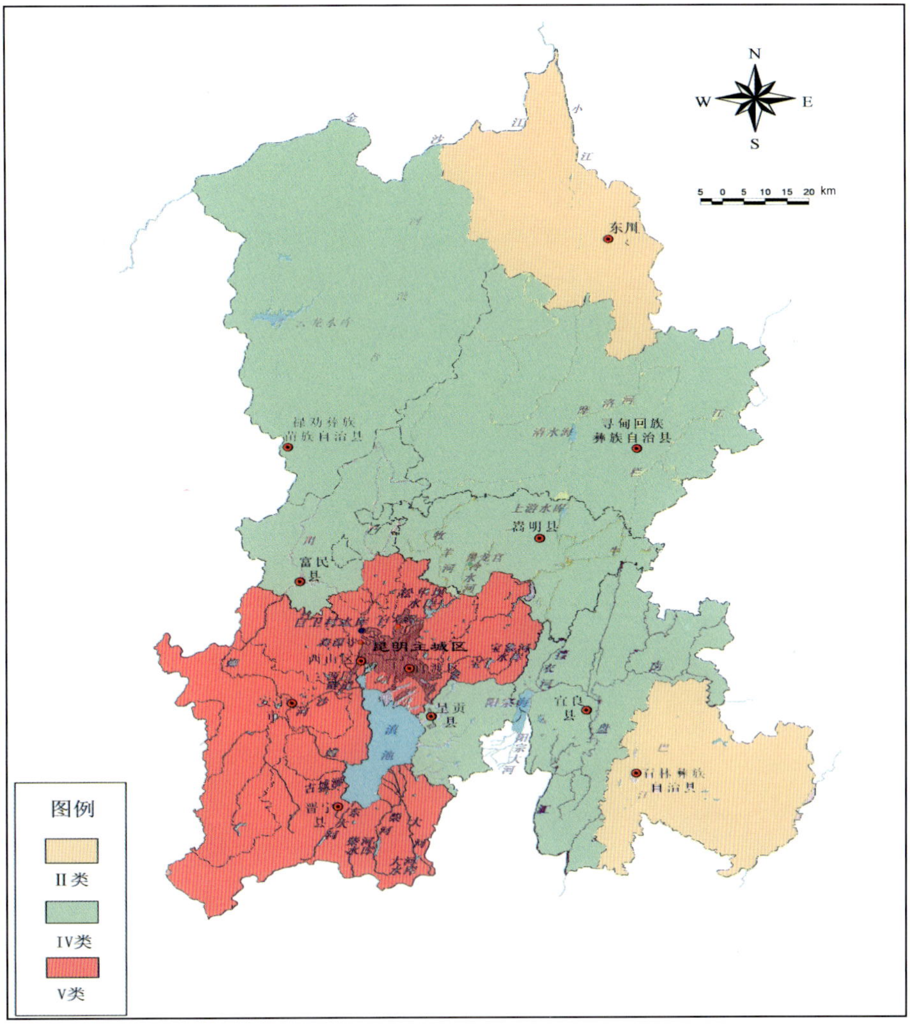

彩图 5-1　昆明市化学需氧量水环境承载力分布

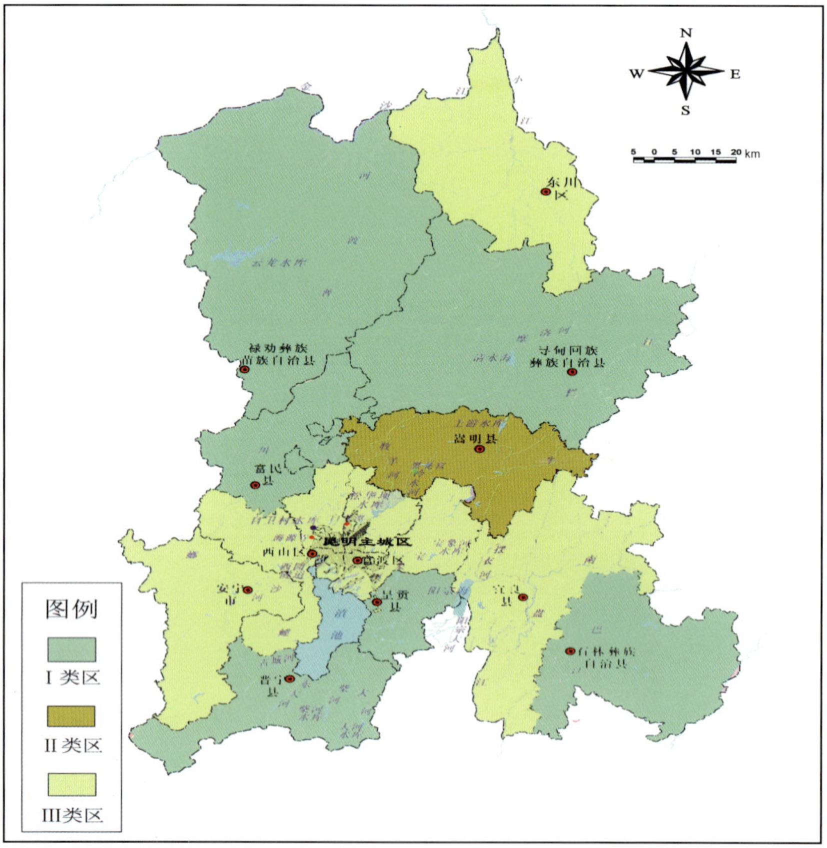

彩图 5-2　昆明市大气环境承载力的区域分布